子どもと一緒に覚えたい

毒生物の名前

Name of the poisonous creature

はじめに

あなたは「毒生物」と聞いて、どんなものを思い浮かべますか？
すぐに思い浮かぶものと言えば、
猛毒で名高いコブラやサソリ、タランチュラなどかもしれません。

でもそれらはこの本には出ていません。
本書は、子どもと一緒に外へ出かけた時に、うっかり遭遇するかもしれない
身近な毒生物に絞って、詳しく紹介しています。
ですからハブよりも、皮膚が腫れたりする程度の毛虫が出ていたりします。

大人で「毒生物に興味がある」というと、怪しい人だと疑われそうですが、
子どもは「毒生物」や「危険生物」に興味津々です。

どうして子どもが毒生物に惹かれるのか、といえば、
それがとても不思議な生き物だからです。
どうして体の中に毒があっても平気なのか。
どうしてそんな毒々しい色をしているのか。

「毒」という武器を身につけた生き物を知ることは、
地球上の不思議と出会うこと。
まるでリアルな世界にいる、最強モンスターを見つけるような気分です。
できればあまり会いたくないけど、安全な場所からじっくり見てみたい。
それは恐竜が好きだったり、
お化けや妖怪に興味があるのと同じ気持ちかもしれません。

動機はどうであれ、それは自然への扉を開けるきっかけ。

近年はテレビ等で毒生物が出たと大騒ぎしすぎるあまり、
子どもを自然から遠ざける人もいます。
でも、やみくもに怖がって、いるかもしれない場所から遠ざけるのではなく、
まずは親も、その不思議な生き物を知ることから始めてみませんか？
相手をよく知れば、子どもを守ることができます。
また大抵のものは予防でき、知っていれば避けることができます。

子どもとこの本を一緒に読めば、子どもの方が詳細に覚え、
忘れっぽい大人なんかより、ずっと頼もしい我が家のレンジャーとして
アウトドアで活躍してくれると思います。

目次

本書の使い方ガイド

MU
(マウスユニット) 1g食べると何匹のネズミが死ぬかを表す。
個人差はあるが60kgの大人の致死量は3000～2万MU

LD50
(半数致死量) その毒を与えた場合、半数の人が死ぬ量を表す。
フグ毒 0.01mg/kg、タバコ1mg/kg、毒キノコ 0.1mg/kgなど

注射マーク 刺された場合の痛さを注射を基準に表現

家畜・人マーク その草花を食べた場合の死ぬ数を表す

蚊マーク どれくらい痒いかを蚊に刺された時を基準に表現

※個体差があり正確な数値にはできないものを、子どもに分かりやすくするため事例をもとに編集部で考え、表現しています。あくまでも毒の強さを表す目安として下さい。

遭遇度レベル 星3つで表し、数が多いほど遭遇度が高い

危険度レベル S、A、B、Cで表す(Sがもっとも危険度が高い)

アイコンの意味

もし毒が体内に入った場合に救急車を呼んだ方がよい

過去に国内で死亡例がある

見つけた場合、通報した方がよいもの

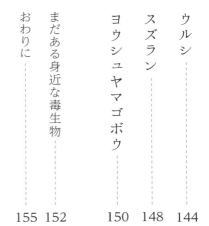

PORTUGUESE MAN-OF-WAR

Physalia physalis

×

7

カツオノエボシに刺された時の痛さ
注射の7倍
LD50=0.05mg/kg

カツオノエボシ ［鰹の烏帽子］

管クラゲ目カツオノエボシ科（在来種）

遭遇度レベル ◆◆◇

生息エリア：相模湾以南の太平洋
大きさ：10㎝ほどから、時に数mになることもある
見られる季節：春〜秋
見られる場所：海水浴場などの沿岸浅所
浜辺に打ち上げられていることも

想像を絶する見た目。浮き袋で流れてくる

ありえない青色と、ビニール袋のような見た目。プカプカと浮いて海を漂いながら、長い触手で獲物を刺して、栄養をとる。厄介なのは、打ち上げられて死んだように見える個体でも触れると刺されることがあることだ。浜辺で小さな子が興味を持つ見た目なので注意したい。

危険度レベル A

触手の部分に触れると激しい痛みがある。毒そのもので死に至ることはないが、アレルギー反応で呼吸困難などがあれば救急車を呼ぶ。また見かけた際、海水浴場であれば注意を促すため、その海水浴場の管轄のレスキューなどに知らせる。

症状	刺されると激痛が走り、腫れあがり、痛みが長時間続く。2度目に刺されるとアナフィラキシーを起こし、ショック死する可能性も。
毒の種類	ヒプノトキシンなど複合毒

こう見えて、実は無数の個体が集まった集合体！

初めて見た人は、人の捨てたゴミ、ビニール袋だと思うだろう。クラゲやイソギンチャク、サンゴなどとともに刺胞動物に含まれるカツオノエボシ。一匹のように見えるものは、信じられないことに、無数の小さな個体（個虫）が1つに集まった群体だ。浮き袋のような気泡体の下には、餌を捕獲する長い紐のような触手、餌を食べる栄養体、生殖体などが不規則に集まっていて、役割の異なるそれぞれが、別々の個虫からなっている。触手は長いものだと10m以上にも達するとされ、まるでエイリアンのよう。とにかく想像を絶する生き物だ。浮き袋でプカプカ浮かび、黒潮に乗って南方から流れてくる。これが来る頃カツオもやって来るとされ、この名が付いた。長い触手には毒針を発射する刺胞が並ぶ。本来は魚などの餌をとるためのものだが、人間でも刺されると電気が走ったようにビリビリッと痛む。知らないうちに触れて刺されることもあるので、要注意だ。

もう何が何だか分からないが、上の方が栄養体、電話コードのようにグルグルに縮まっているのは触手で伸び縮みする。海を漂いながら、獲物が触手に偶然触れるのを待っている。

長い触手をぶら下げて、偶然触れた魚などを刺し、毒を注入。痺れて動けなくなったら絡めとり、食べる

間違えやすい似た生物

【カツオノカンムリ】 カツオノカンムリという、そっくりな生物もいる。カツオノエボシ同様に、やはり浜辺に流されていることがあり、同様に刺されるため、気をつけよう。また他にも間違えやすいものとして、ギンカクラゲやアサガオガイという生物も。

予防

浜辺にカツオノエボシが流れ着いていないかを確認。ラッシュガードなど長袖長ズボン、水中シューズを着用する。心配な人は海に入る前にクラゲ除けローションを塗る。打ち上げられているカツオノエボシに触らない。

処置法

何かに刺されたと思ったら、水中で意識を失うのを防ぐため、すぐに陸に上がって様子を見る。触手を素手で直接触れないようにして慎重に除去し、海水で洗い流す。他のクラゲ対処のように酢をかけてはいけない。万が一、ショック症状が出たらすぐに救急車を呼ぶ。

そんなカツオノエボシを好んで食べるアオミノウミウシ。毒のある刺胞を体内に取り込み、身を守る。日本では南の地方で見られることがある。

打ち上げられると、こんな見た目になる。この状態でも刺されることがあり、子どもが拾い上げそうなので注意しよう。

×
5

ガンガゼに刺された場合の痛さ
注射の５倍

LONG-SPINED SEA URCHIN

Diadema setosum

ガンガゼ

［岩隠子］

ガンガゼ目ガンガゼ科（在来種）

遭遇度レベル ◆◆◆

生息エリア：房総半島以南
大きさ：5～9㎝の殻のまわりに30センチほどの長いトゲがある
見られる季節：通年
見られる場所：浅い岩場やサンゴ礁、消波ブロックの下など

潮だまりでもよく見かける、トゲの長いウニ

磯場の浅瀬にいて、やたらとトゲが長い。トゲをそっと持とうと素手で触れると簡単に手に刺さり、しかも折れやすい。まるで毒針を身にまとった、歩く爆弾。岩かげに潜むガンガゼに触れてしまった日には数ヵ所まとめて刺されることもある。

危険度レベル A

食べても無毒。トゲに毒がある。毒により死に至る危険性は低いが、刺さると激痛が走り、抜き取りにくい。トゲが体内に残ると処置が難しいため、症状が悪化した場合には医療機関へ。

症状	トゲに刺さると激痛、炎症を起こし、手足の筋肉の麻痺や呼吸困難を起こすことも。トゲは折れやすく、皮下に残ってしまうこともある。
毒の種類	タンパク質性の毒

浅瀬にたくさん転がっているので遭遇度大

温暖な地域で、岩場の海に行ったことのある人なら、一度は見たことがあるはずだ。そのくらい遭遇頻度は高い。全体に黒紫色で10㎝未満。黒くて長いトゲの間から見える不気味な一つ目玉のようなものがこちらをジロリと見ている（ように見える）。ちょっとした潮だまりにも、岩の下にも、ときには砂地にも、ゴロゴロ集団になっている。その異様に長いトゲには毒があり、とても刺さりやすいくせに、刺さったものを取ろうと思うと簡単にポキポキと折れてしまうから厄介だ。とはいえ魚のように向こうから泳いで迫ってくる訳でもないので、注意していれば避けることはできる。いずれにせよ素足やビーチサンダルで岩場に行くのは自らケガをしに行くようなもの。ガンガゼだけでなく、岩場で足を切ったり、脱げやすいので滑って頭をぶつけて溺死なんて事故もある。つまりビーチサンダルで磯場に行くことに比べれば、ガンガゼなんて怖くない、と心得よう。

漢字で「岩隠子」と書くだけあって、こんなふうに岩場の下に隠れていることもある。ちょっとだけ覗いているトゲをうっかり踏んでしまうと大変だ。

トゲの合間に見える目玉のようなものは実は肛門。ウニは肛門が上で、口が下にある。袋状に膨らみ、色が鮮やかなので目立つ。長いトゲを動かしながら管足で歩くこともできる。

間違えやすい似た生物

【ムラサキウニ】

本州から九州まで広い範囲で見られる。パッと見ガンガゼとも似ているが、こちらの方がトゲが短く、手に乗せたくらいでは刺さらない。

【シラヒゲウニ】

九州以南、沖縄などで食べられている。特に沖縄でウニといえばこの種類。見た目にはかなり違いがあるので、見分けることは容易。

予防法

ウェットスーツや靴底の厚い水中シューズを着用すること。海底や岸壁に手足を置くときは周囲を確認する。

処置法

目に見える大きなトゲは取り除き、45度程度のお湯に患部をつける。トゲが体内に残り、症状が悪化した場合には医療機関に診てもらう。

あまり水質や居場所にこだわりがなく、岩と岩の間などにいる場合もあれば、砂地や海中の岩の上に乗っていることもある。埜にはいない。

×

9000

スベスベマンジュウガニを一匹食べた場合
9000MU
LD50=0.01mg/kg

Floral Egg Crab

Atergatis floridus

スベスベマンジュウガニ

［滑滑饅頭蟹］

エビ目オウギガニ科（在来種）

遭遇度レベル ◆◆◇

生息エリア：千葉県以南
大きさ：甲長35㎜、甲幅55㎜ほど
見られる季節：通年
見られる場所：海水浴場、潮だまり、岩のすき間や海藻の下

見た目は可愛い、小さな猛毒カニ

毒のあるカニなんているの？と驚くかもしれない。見た目はサワガニのようで、数は多くないが、磯場なら結構どこにでもいる。特徴は、独特な模様のある茶色い体と黒いハサミ爪。実は体内にフグ同様の毒を持つ。触ったり、指を挟まれても毒は入らないが、うっかり食べてしまうと、命が危ない。

危険度レベル A

触っただけでは問題ないが、カニの身にフグ同様の猛毒がある。特にハサミや脚などの肉に毒が多い。

症状	誤食すると30分程度で痺れ、麻痺、吐き気、意識障害、呼吸困難といった症状を起こし、重症化すると死ぬ場合も。
毒の種類	サキシトキシン、ネオサキシトキシン、テトロドトキシンなど

磯遊びで知らないカニを採っても、むやみに食べない

すべすべした石のような体。一体誰が「まんじゅう」なんて名づけたのか。おかげで、おいしそうにさえ思えてくるから困る。唯一、怪しげなのは、甲羅の模様だが、シルエットは案外ノーマルで、トゲトゲもしておらず、それどころか小さくて可愛いカニだ。スベスベマンジュウガニは子どもの手のひらに乗せられる5cm前後のサイズ。サワガニ、イソガニなどと似たサイズで、他のカニ同様、岩場などに隠れていている。カニに毒なんてあるのかと驚く人も多いかもしれないが、オウギガニ科のいくつかのカニでは体内に毒を持つことが知られる。同じ仲間のウモレオウギガニなどは爪の肉を0.5g食べたら致死量になるという。これらのカニに共通しているのは、ハサミの爪が黒いこと。複合毒を持ち、麻痺性の貝の毒と、フグ毒を併せ持つ。磯場でのバーベキューなどで、釣れた魚や採った貝などを焼くワイルドなお父さんにこそ覚えてもらいたいカニだ。間違ってもイワガニやイソガニのようにカニ汁などにしないように気をつけたい。

©ぼうずコンニャク市場魚貝類図鑑

ハサミの爪の部分が黒い。脚の部分などはいずれも毒が強く、ほんの少量でも食べると危ない。危険な割にあまり知られていない毒生物だ。

磯場の石の下などに隠れている。じっとしているとまるでキレイな石のよう。恐がりな性格なので、相手から襲ってくることはない。

間違えやすい似た生物

【オウギガニ類】

オウギガニの仲間は種類が多い。よく似た模様のものも多くて見分けにくいが、扇のような丸っこい体の形が特徴的。

【イワガニ】　磯の岩場でよく見かける小さなカニ。毒はなく、味噌汁に入れる人もいる。臆病な性格で、驚くとすぐ隠れる。ただしハサミは結構強い。

【イソガニ】

日本中の磯場で頻繁に見られる小さなカニ。食べられるカニで、これを味噌汁に入れる人などが、スベスベマンジュウガニをイソガニなどと間違えて食べるケースがある。

予防法

知らないカニを食べない。黒い爪を持ったカニは要注意と覚える。持って帰らない。

処置法

食べてしまった場合はすぐに吐き出す。ただし麻痺症状が出ている場合は吐いたもので呼吸ができなくなるので、吐かさず、ただちに救急車を呼び医療機関へ。

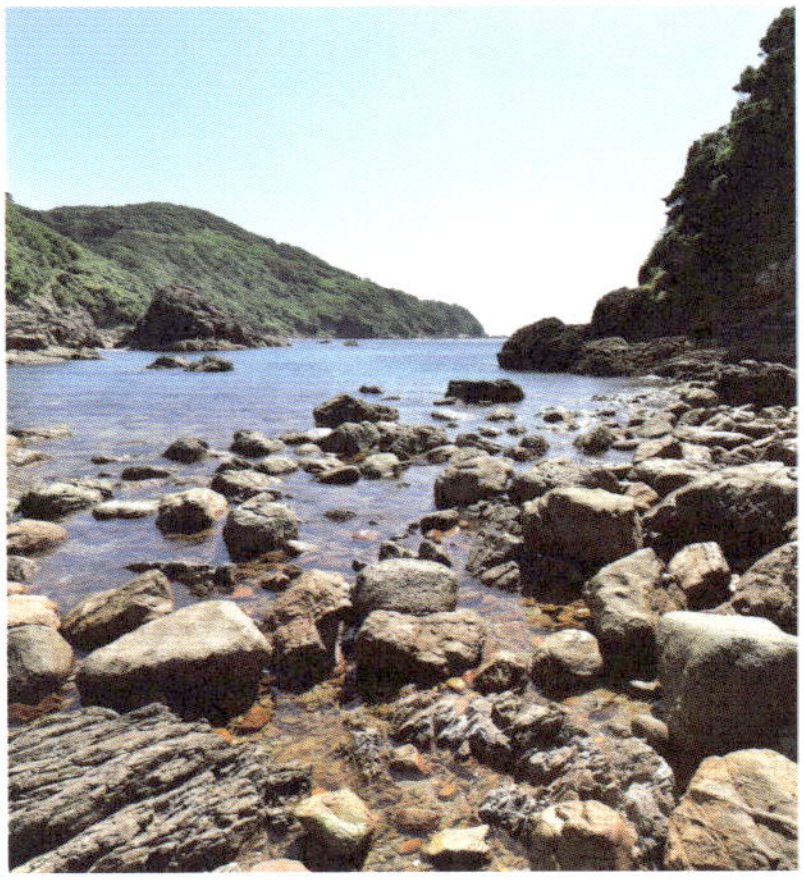

潮だまり（タイドプール）と呼ばれる場所でよく見かける。そういった場所は子どもが海の生き物に出会える最高の場所だが、くれぐれも目を離さないように。

SHIROGAYA

Aglaophenia whiteleggei

×
3

シロガヤに触れた場合の痛さ
注射の３倍

シロガヤ［白榧］

軟クラゲ目ハネガヤ科（在来種）

遭遇度レベル ◆◆◇

生息エリア：本州北部以南の日本各地
大きさ：10～20cm
見られる季節：春～秋
見られる場所：浅い海の岩礁やサンゴ礁、潮だまりなど

海の中に生える、白い羽根

一見、海藻のようにも見えるが、
揺れ方がちょっと不自然。
これは岩礁に付着して、
やがて羽根状に形を作るヒドロ虫類の集合体。
案外、浅瀬にも生えているので、
うっかり拾い上げないように。

危険度レベル B

触れるとクラゲに刺されたような軽い痛みが走る。毒は強くなく、人が刺されて死んだ事例はない。

症状	羽根状の部分に触れると痛みが走り、かぶれたように腫れ、強い痒みを引き起こす。
毒の種類	タンパク質性の毒

ある意味で、自然の神秘を感じる生物。豊かな海の証拠

岩場のある海水浴場で見かけるのがこれ。普通に海藻などと混ざって生えている。羽根や小さな樹のような姿をしているが、これもまたカツオノエボシなどとおなじヒドロ虫類の集合体。無数の個虫からなる群体だ。ただしこちらは岩に根を張り、枝を伸ばして、餌が近づくのをじっと待つ。カヤ（榧）の木の枝に似た姿や、枝分かれした小枝部分が白いことから、この名が付けられた。同じ仲間には黒っぽいクロガヤ、明るい黄色のドングリガヤなんてものも。いずれも死ぬほどの毒はないが、火傷のように痒みが長引くので少し憎たらしい。こんなものがいる海になんて行きたくない！と思うかもしれないが、これらがいるのは海が豊かな証拠。栄養分が豊富な海は多様性があり、数が多い分、その中には毒のあるものもいる。生き物の棲めない死んだ海はつまらない。たくさんの生き物に出会いたいなら、刺されないように防御しよう。ただそれだけのことだ。

大きく成長してくると、今度は茶色の幹のような部分から枝分かれして草木のようになっていく。大きさはさまざま。岩場に近づく時は素肌が出ていない状態が基本。ウエットスーツは岩場での切り傷も防止できる。

最初の頃は本当に小さな小鳥の羽根のよう。ここからだんだん成長して、大きな枝のようになっていく。動物プランクトンなどを毒で麻痺させ、食べる。

間違えやすい似た生物

©公益財団法人 水産無脊椎動物研究所

【ハネウミヒドラ】

ハネウミヒドラはヒドロ虫の集合体などで刺されると痛い。比較的大きな群体を作り、海藻とは見た目もかなり違う。見かけたら近づかないように。

【イタアナサンゴモドキ】

サンゴにしか見えないこちらも、シロガヤと同じヒドロ虫類。英名でファイヤーコーラルと呼ばれるように、さわると火傷したように痛い。

予防法

クラゲ同様、刺されないようにウエットスーツかラッシュガード、水中シューズを着用すればほぼ防御できる。触らないように気をつけよう。

処置法

タンパク毒のため、熱に弱い。45度程度のお湯に患部を浸すと毒が不活性化され痛みが弱まる。

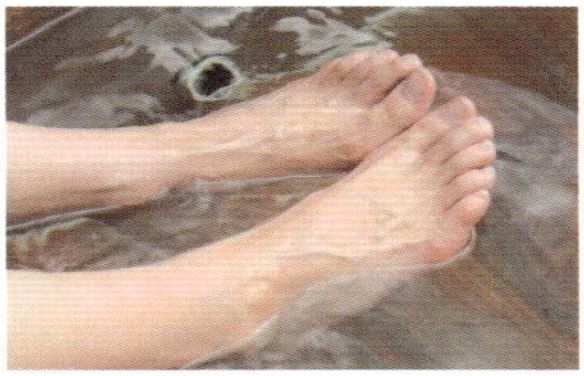

岩場の斜面に生えるシロガヤ。やはり海藻としては不自然な生え方。一度覚えてしまえば、不自然に白いので識別しやすい。

×

21000

ヒョウモンダコに噛まれた場合
21000MU
LD50=0.02mg/kg

BLUE-RINGED OCTOPUS

Hapalochlaena spp.

※イラストはオオマルモンダコ

ヒョウモンダコ属 ［豹紋蛸］

タコ目マダコ科（在来種）

遭遇度レベル ◆◆◇

生息エリア：千葉県以南
大きさ：5～10㎝ほど
見られる季節：通年
見られる場所：浅い海の岩礁やサンゴ礁の岩穴、岩の下

輝く青色は怒りのサイン

小さなタコを岩場でみつけたら要注意。
これほど小さく、青い模様をしたタコは基本的には他にいない。
ヘタに刺激すると、瞬間的に色を変えて、青く模様が輝く時は、危険の合図。
むやみに触らないようにしよう。

危険度レベル S

噛まれると毒が注入される。

症状	噛まれると顔や首に痺れ、めまいを感じ、呼吸困難や嘔吐、言語障害などの症状があらわれる。重症の場合は噛まれてから15分後に呼吸困難、全身麻痺を引き起こし、最悪の場合、90分後に死に至ることも。
毒の種類	テトロドトキシン

一噛みで人が死ぬだけの フグ毒を持っている

ダイバーにはよく知られるタコ。一時、殺人ダコと話題になったこともあるので知っている人も多いだろう。そもそもタコの口は貝殻ごと噛み砕くほど強力なので、噛まれると毒がなくても危険。まずタコは素手で触らないのが基本。特にこのタコは別格に危険だ。相手から突然襲って噛んでくることはないものの、間違えて踏んづけてしまったり、手で押してしまったり、ということもありえる。通常の状態ではここまで冴えた青色ではなく、もっと地味な見た目。実際マダコの赤ちゃんなどと間違えて、手のひらに乗せて遊んでいたら、途端に色が変わって噛まれた、という事例もある。口は小さいので傷の痛みは大してなくても、唾液ほんの一滴で致死量になる。一噛みする時に出される毒の量は致死量の7倍。毒には個体差があり、もっと強力な場合も。噛まれた場合は、すぐに陸に上がり、救急車を呼ぼう。間違っても口で毒を吸い出そうなどとしてはいけない。

遠目に見ると、海藻や岩場などの周囲に色を合わせて擬態するので、どこにいるか分かりにくい。うっかり踏まないように気をつけたい。水中シューズは必須だ。写真はヒョウモンダコ。

通常の状態だと青い部分が少なく、茶色いタコのようにも見える。小さくて可愛い見た目なので、思わず触ってみたくなるが、小さなタコに素手で触るのは避けよう。写真はヒョウモンダコ。

間違えやすい似た生物

【マダゴ】 マダゴはサイズも色もまったく似ていないが、マダコの子どもなどが稀に磯場にいることがあるので、間違えるケースがある。マダコに毒はなく、食べてもおいしい。

予防法

海水浴や磯遊びの前に、地元の人や海の家の人にヒョウモンダコが発見されていないか確認する。見慣れないタコを見つけても絶対に触らない。また自分が見つけた場合は、その海水浴場を管理している場所に連絡を入れよう。

処置法

噛まれた場所より心臓に近いところを縛り、毒が全身に回るのを防ぐ。患部を水で洗い流しながら毒をできるだけ手で絞り出す。時間との勝負なので救急車を呼び、一刻も早く病院へ。

写真はヒョウモンダコの仲間のオオマルモンダコ。こちらは全身が丸い模様が入っている（ヒョウモンダコは胴部は線状の模様）。「これ以上すると噛むぞ」という攻撃態勢に入ると、全体が黒ずみ、青い斑点が蛍光塗料のように光る。こうなったら非常に危ない状態だ。

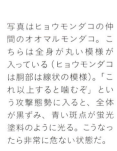

×
5

ゴンズイに刺された時の痛さ
注射の5倍

Japanese Eeltail Catfish

Plotosus japonicus

ゴンズイ［権瑞］

ナマズ目ゴンズイ科（在来種）

遭遇度レベル ◆◆◆

生息エリア：本州中部以南
大きさ：10～20cm
見られる季節：通年
見られる場所：海水浴場など、沿岸の浅い岩礁や砂底。
釣りでもよく見かける

群れになって泳ぐ小さな魚

シュノーケリングが楽しめるような
キレイな海で、見かけたことはないだろうか。
小さな魚が、丸く群れになって泳いでいる。
なかなか前に進まないので、
思わず捕まえたくなるが、
絶対に手を出してはいけない。

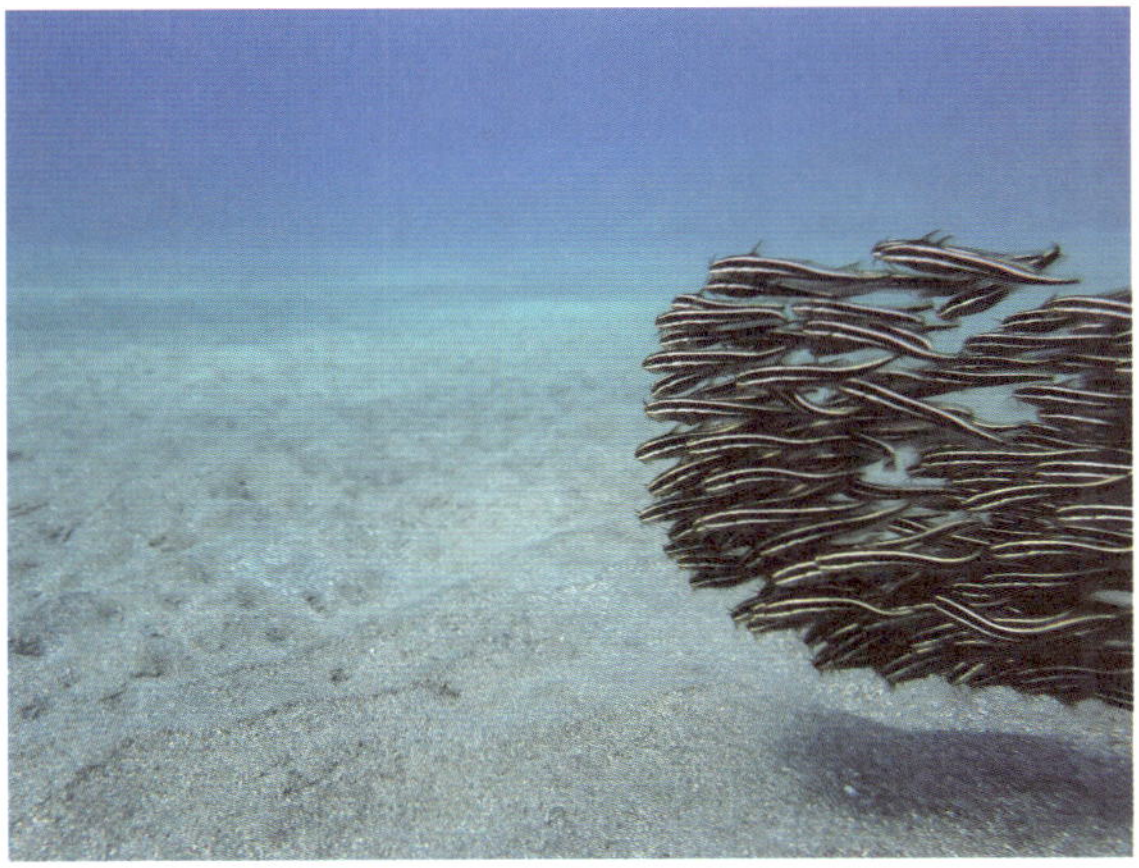

危険度レベル A

背びれや胸びれに毒のトゲがあり、軽く刺さっただけでもひどく痛む。

症状	触れたりしてトゲに刺されると激痛が走り、赤く腫れる。痛みは何日も長く続く。
毒の種類	タンパク質性の毒

大人でも悶絶する痛さ！
それがもし群れで刺されたら…

暖かい地方のキレイな海で、泳いでいると、すぐ見つけることができる。黄色いストライプ模様で、口まわりのヒゲが特徴的。サイズは小さく、しかも大抵群れになって泳いでいる。これが「ゴンズイ玉」。丸ごと捕まえてくれと言わんばかりに、見事な集団行動で、ストライプが行ったり来たり。眺めていると非常に楽しいが、結構危ない集団だ。泳ぐスピードが遅いため逃げ切ることは簡単だが、反面で、捕まえやすそうな魚にも見えるため、よくゴンズイ玉を網でまるごとすくおうと必至に追いかけている子どもを見かける。そんな場合は、刺されたら非常に痛い魚だということを教えてあげよう。軽く触れただけでも簡単に刺され、焼けるように傷む。しかもそのジンジンとした痛みは何日も続く。長い場合には完治に数週間もかかる。死んでいる個体でも毒は有効なので触れないことだ。ただし天ぷらにして食べるととてもおいしい。

顔はナマズの赤ちゃんのよう。口のまわりにヒゲがあり、鋭い歯はない。ヒゲで周囲を探り、エサなど探している。

大体、群れになって泳ぎ、10匹程度から100匹を超える群れもある。トゲは見えにくいが、素手で持てばどこかしらのトゲが刺さる仕組み。

間違えやすい似た生物

【ニジギンポ】 ギンポの仲間の中にたまに似た感じに見える種類がいる。ただし、ゴンズイのように群れにはならない。

予防法

ゴンズイに触らない。触る場合は厚手のゴム手袋などを着用の上、慎重に。触ったら手をしっかり洗う。

処置法

トゲを抜き取り、患部を洗い、毒を絞り出す。そして、45度程度のお湯で温める。トゲは長く非常に鋭いので、傷口が化膿しないように注意する。症状が重い場合は医療機関へ。

ゴンズイ玉になりながら、エサを食べ、常に一緒に行動する。シマシマなので遠目には大きな生き物に見え、敵の目を欺く作戦だ。写真はおそらくゴンズイの仲間のミナミゴンズイ。

× 5000

アンボイナガイに刺された場合
5000MU
LD50=0.012mg/kg

GEOGRAPHY CONE SHELL

Conus geographus

アンボイナガイ ［波布貝］

新腹足目イモガイ科（在来種）

遭遇度レベル ◆◇◇

生息エリア：本州中部以南、沖縄
大きさ：8～13cm
見られる季節：春～秋
見られる場所：浅い海の岩礁やサンゴ礁の砂地

別名「ハブガイ」。コブラの40倍の毒を持つ

もし砂浜で、この貝殻を見つけたら、「可愛い」と思うかもしれない。イモガイの仲間にはキレイな模様をした種類が多く、実際、海辺のお土産屋さんでも人気の貝殻だ。けれど中身が入っていた頃のことを知れば、イモガイなんて呑気な名前でいいのかと思う。特にこのアンボイナガイは、刺された3人に1人が死んでいる貝なのだ。

©すさみ町立エビとカニの水族館

危険度レベル S

毒矢のような歯舌歯（しぜっし）を持ち、突き刺されると体内に毒が入る。

症状	刺されると痛み、痺れがあり、神経が麻痺する。応急処置をしないと20分ほどでのどの渇き、吐き気、めまい、歩行困難、血圧低下、呼吸困難などの症状が現れ、死に至ることも多い。
毒の種類	コノトキシン、ジェオグラフトキシン

魚を突き刺す、使い捨ての毒の銛（もり）を持っている

知れば知るほど、貝はヘンな生き物だ。あの硬い殻という防御を持ちながら、毒という武器を持つ種類も多い。キレイな貝殻でコレクターも多いイモガイの仲間は、多かれ少なかれ毒がある。その中でも特に危ない貝がこのアンボイナガイだ。アンボイナガイは魚を主食とし、毒は魚をとるために使われる。体内の歯（歯舌歯）が鋭い銛のような毒矢となって、じっと岩陰で魚が来るのを待ち、獲物めがけて毒矢を発射。自分の体の2倍ほど伸ばして突き刺すと、小魚はわずか30秒程度で死んでしまう。放った歯舌歯はそのまま使い捨てて、しとめた魚をゆっくり飲み込み消化する。自分の命の危険を感じれば、やはりこの毒の歯を使う。よく起こる事故は網に入れて持ち帰ろうとした人が網越しに刺されるケース。ウェットスーツすら貫通することがある鋭い歯に刺されても意外に痛みは少なく、気づかないこともあるそうだ。死亡率はなんと20～70％だという。

先端が尖って、まさに魚をとるために使う銛のような形。体内にしのばせているが、獲物を見ると口から発射して、獲物に突き刺し、毒を送る。その後、じっくり魚を飲み込む。

口を広げた時のアンボイナガイ。口は自分の体以上のサイズになる。天敵は貝食のカニ。カニは甲羅が硬いため、毒矢が突き刺さらず通用しない。

間違えやすい似た生物

【イモガイの仲間】

イモガイの仲間はいずれも似ていて毒がある。海底にいるイモガイを拾わなければいいと覚えよう、貝殻はコレクターに人気があり、飾っておくのにいい。浜辺に上がっているものは大抵殻だけだが、一応中身が入っていないか確認し、念のためお湯に通そう。

予防法

海中にあるイモガイを拾わない。鋭い歯舌歯はウェットスーツも貫通する。貝の特徴を覚え、決して触らない。海ではひとりきりで行動しない。具合が悪いと思ったらすぐに海から上がる。

処置法

刺された部位から毒を絞り出す。その後、患部より心臓に近い部分をタオルなどで縛り、毒が全身に広がらないようにして、ただちに医療機関へ。内蔵にダメージを与えない毒なので気道確保が生命線。意識を失った場合は人工呼吸をすれば助かる可能性が上がる。

他のイモガイに比べると山の部分の高さが低く、王冠のようにギザギザしているのが特徴。あとはこの模様も覚えておこう。

×
10000

フグの毒の部分を一切れ食べた場合
10000MU
LD50=0.01mg/kg

SCRIBBLED TODY

Canthigaster rivulata

キタマクラ

［北枕］

フグ目フグ科（在来種）

遭遇度レベル ◆◆◆

生息エリア：北海道南部以南
大きさ：10〜18cm
見られる季節：通年
見られる場所：岩礁やサンゴ礁

毒がある魚の代表フグ

外国人が仰天することの一つに
日本人がフグを食べるという事実がある。
猛毒のフグを刺身で食べるなんて！
しかも毒の部分もなんとか食べようとする。
外国人からしてみれば、こんな猛毒生物を
そこまでしてでも食べたがる日本人の方が危ない。

危険度レベル B

食べた場合に毒が入る。触った程度で死ぬことはないが、噛まれる場合もあるので素手で触らない。

症状	誤って食べると20分から3時間ほどでしびれや麻痺症状があらわれる。麻痺は全身に広がり、呼吸筋が麻痺し、呼吸困難になり、意識があるまま死に至ることも。
毒の種類	テトロドトキシン

別の魚と間違えて食べないように覚えよう

フグを食べる文化を持つのは、日本、韓国、中国、東南アジアの一部など。そんな中でも日本人はダントツにいろんな部位を食べている。毒のある卵巣を2年糠漬けにして食べるなど、外国人がもっとも驚愕する食べ方だ。フグを調理する人の資格まで設けて食べたいなんて…と思うだろう。フグと一口に言っても、結構種類がいる。例えば死んだ人を寝かせる北枕から名付けた「キタマクラ」などの皮は猛毒、卵巣は無毒、クサフグは肝臓から卵巣まで猛毒で、皮は弱毒など、種類によって毒のある場所が異なる。それを素人が判断するのは危険だ。人を死に追いやる猛毒を持つフグではあるが、食べなければ大丈夫、という意味では、子どもの事故は少ない。またどうしても食べたければ調理資格のある人のいる店で味わえばいい。フグは遭遇しただけで危険というものではないので、予防法は簡単だ。キタマクラ、サバフグなどは一瞬フグに見えないこともあるので、子どもと釣りをやる人は覚えておこう。特にこのキタマクラやクサフグなどはよく釣れる魚だ。

よく釣り場で見かける猛毒フグのクサフグ。体の背中は深緑色で、お腹は白い。体の側面から背中に白い小さな斑点が見られる。背面と腹面に小さなトゲがある。

キタマクラは南日本の磯でよく見られ、釣り人には外道として知られる。歯が尖っていて、すぐに糸を切って、エサだけ持っていくためだ。仮に釣れても猛毒で食べられない。カワハギなどと間違えないように。

間違えやすい似た生物

【シロサバフグ】

写真のシロサバフグは漁獲量の多いフグの一種。毒はなく尾びれの下端が白くなっている。クロサバフグは両端が白くなっている。どちらも食用とされるが、一部地域で毒化した例も知られる。また、そっくりで毒のあるドクサバフグもいるため、素人判断は厳禁。

【トラフグ】

「てっさ」「てっちり」などの食用フグと言えばまずイメージされる高級魚。もちろん部位によっては毒があり、産卵期の毒性は1g で 2000 匹のネズミを死亡させる毒を持っている。

予防法

フグは全般に決して自分では調理せず、免許をもったフグ調理師に処理してもらったものを食べる。

処置法

食べたものを吐き出し、呼吸困難に陥った場合は気道確保と人工呼吸を行う。一刻も早く医療機関での処置が必要。

写真上がヒガンフグ、下がコモンフグ。岸近くの岩場や砂地にいる。背と腹に小さなトゲがある。どちらのフグも猛毒を持つ。

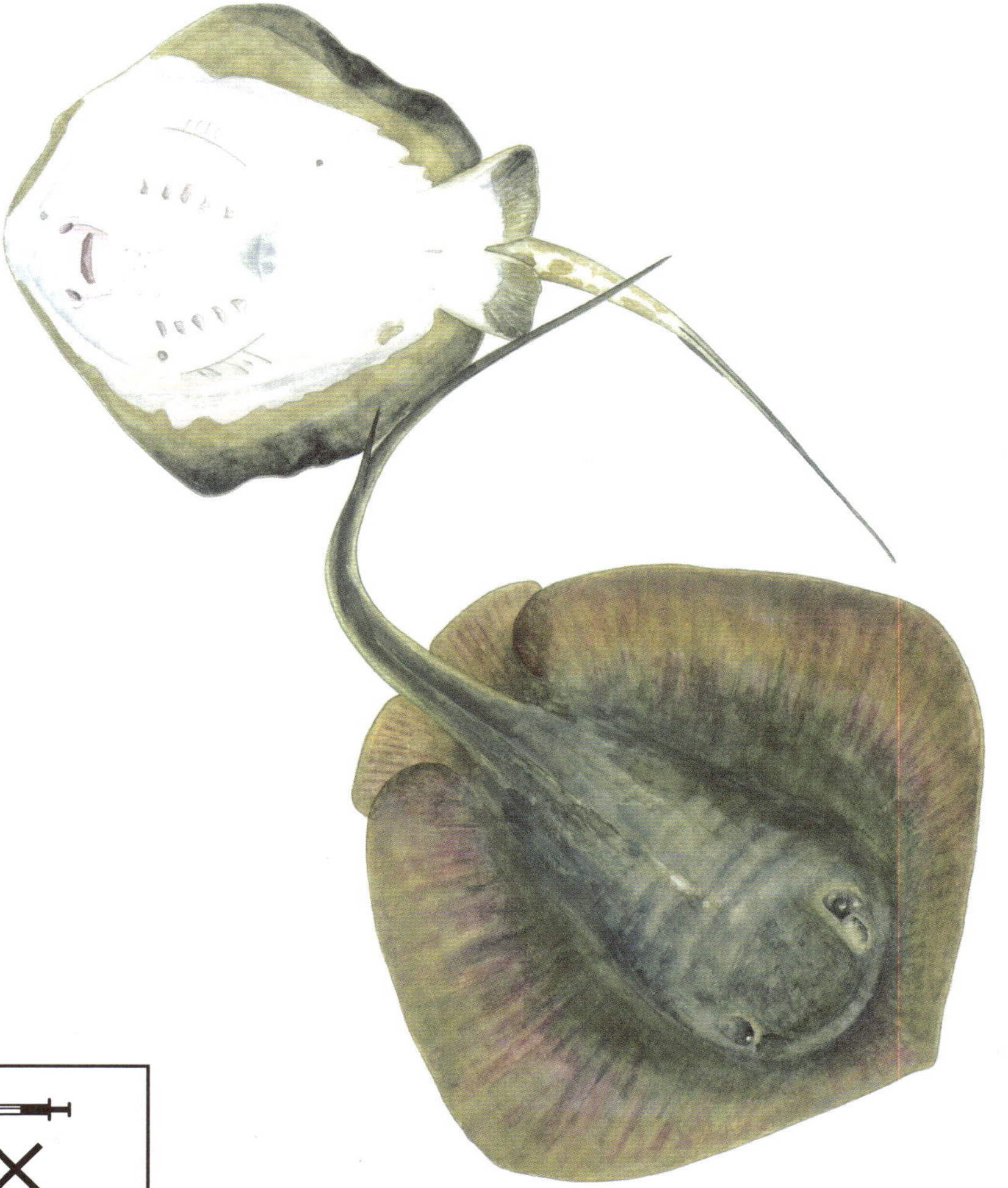

×
10

アカエイに刺された場合の痛さ
注射の 10 倍

RED STINGRAY

Dasyatis akajei

アカエイ［赤鱏］

トビエイ目アカエイ科（在来種）

遭遇度レベル ◆◆◆

生息エリア：北海道南部以南の日本各地
大きさ：大きいものは尾を含めると2mほどになる
見られる季節：通年
見られる場所：海水浴場を含む浅い海の砂浜や砂泥地

砂地に潜って、そっと姿を隠している

家族が遊ぶ浅瀬の海水浴場は
しばしば底が濁って見えない。
そんな砂の中に隠れていることがあるのが
この平べったいアカエイ。
うっかり踏みつけるとトゲのあるムチのような
尾を振りまわし、足をブスリと刺してしまう。

危険度レベル S

尾の付け根にあるトゲで刺されることで毒が入る。また場所により大ケガになることも。

症状	刺されると、激痛に襲われ、高熱が出る。トゲには返しがあるので抜きづらい。そのまま放置すると、細胞が壊死しはじめる。また、過去に刺されたことがあると、アナフィラキシーショックを起こし、死に至る可能性がある。
毒の種類	タンパク質性の毒

刺されると、とにかく痛い！

エイはサメと同じ仲間。ただしエラ孔が腹面についている。多くの場合は海底でじっとしていて、ときに胸びれを羽根のように羽ばたかせて海中を飛ぶように泳ぐ。エビやカニ、小魚、貝などを好んで食べるため、砂浜の底を這うように進む。冬場は深い場所で暮らしているが、夏は近海や湾内の浅瀬に移動してくる。完全に砂地にもぐってエビなどを待ち構えているが、目と尾の先だけは海中に出して様子を伺っている。２ｍにもなるアカエイだが、案外、人の多い浅瀬の海水浴場にも現れる。サメであれば大騒ぎになるが、アカエイの場合、そばに来ているか非常に気付きにくい。攻撃性はあまりなく、よくエイが出る地域では、棒などで底を叩いて脅かして追い払うそうだ。問題の毒のあるトゲは、尾に沿うように生え、鋭いヤリ状。しかも側面に返しのような歯がずらりと並んでいて、簡単に抜くことはできない。素足はもちろんのこと、水中シューズなどを履いていても角度によっては突き破る。万が一のため、海では一人で行動しないことだ。

砂地に潜っている時はこんなふうに出っ張った目の部分だけ出して、周囲のエサの動きを見ている。また尻の先をレーダーのようにして周囲の振動を感じている。

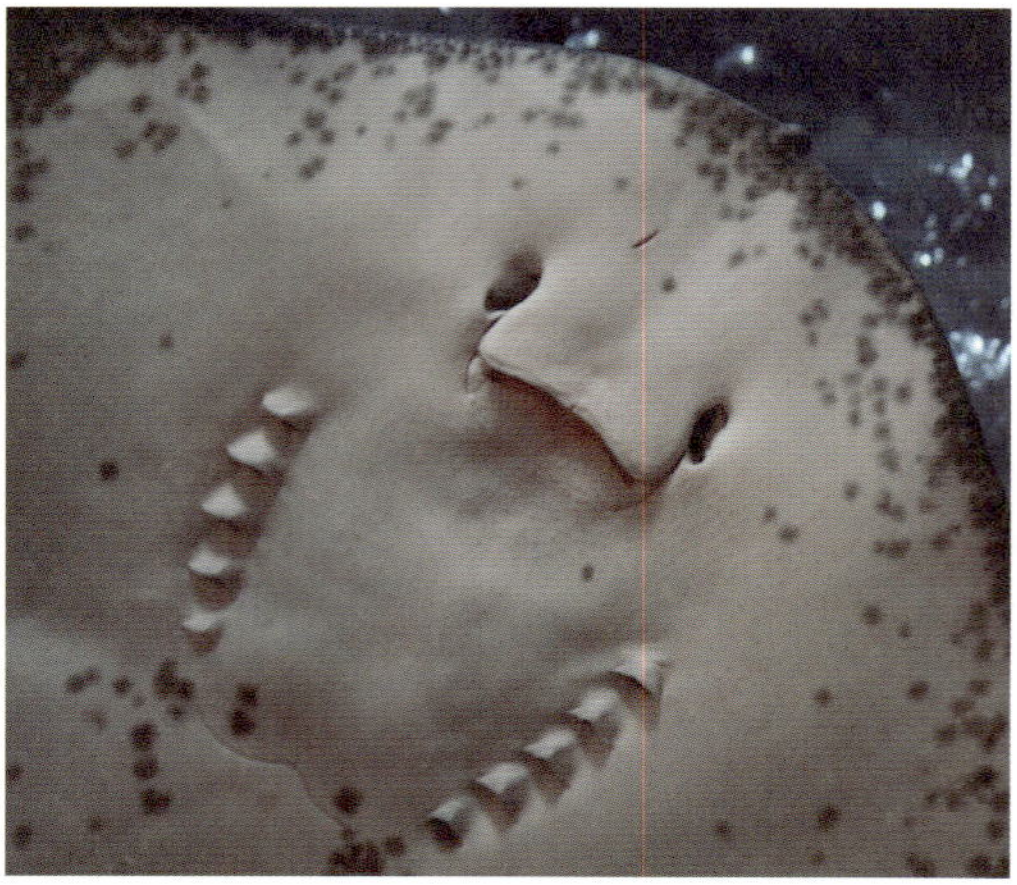

水族館などでよく反対側から見ることがある。ニッコリ笑っているみたいだけれど、これは顔ではなく、口。この形からも砂地を掃除機のように這うのが分かる。

間違えやすい似た生物

【ヒラタエイ】

姿が似ていて、やはり刺す毒を持つエイ。本州中部以南、東シナ海に分布。沿岸から沖合いの砂泥底に生息する。尻尾の先がしゃもじのように平べったい。

【マダラエイ】

マダラエイは水深 20m 程度の深さの海に生息しているエイで、特徴はこのまだら模様。アカエイ同様、毒のトゲを持ち、近づくと危ない。

予防法

アカエイに近づかない。針は靴底を貫通する場合があるので、踏みつけない。足元を確認し、砂底を歩くときはすり足で移動することも有効。

処置法

刺されところに残っている毒針をできるだけ取り除き、患部をよく洗い、毒を絞り出す。タンパク質性の毒なので 45 度程度のお湯で患部を温めることで毒を緩和できる。ただし傷が化膿する場合もあるので医療機関で診察を受ける。

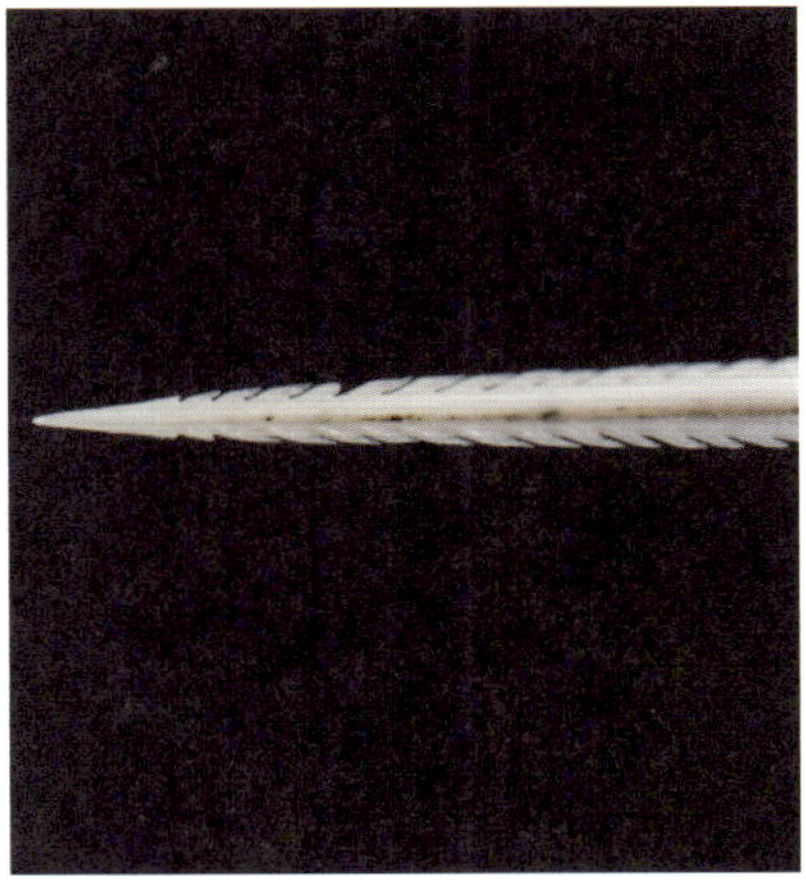

トゲの部分を拡大するとこんな形。先端に行く程尖っていて、ノコギリ状の歯は反対向きに流れており、抜こうと思ってもなかなか抜けない。

×
4

ハオコゼに刺された場合の痛さ
注射の 4 倍

Redfin Velvetfish

Hypodytes rubripinnis

ハオコゼ［葉虎魚］

スズキ目ハオコゼ科（在来種）

遭遇度レベル ◆◆◆

生息エリア：本州以南の日本各地
大きさ：体長5～10cm
見られる季節：通年
見られる場所：浅い海の岩礁や砂地、潮だまりなど

とっても不思議な見た目

オコゼとか、オニオコゼとかなら
トゲトゲしくて、怖がらせてるな、
という威嚇の見た目もよく分かるが
このハオコゼは海に落ちた枯れ葉のよう。
怖がらせるつもりはあるのか、ないのか、
そのくせ結構、毒は強力だ。

危険度レベル A

背びれ、腹びれ、しりびれにトゲがあり、そこに刺さると毒が注入される。

症状	毒のあるトゲに刺されると、軽い痛みの後、痛みが数時間続く。重症化すると、嘔吐や腹痛、呼吸困難におちいることもある。
毒の種類	タンパク質性の毒

とさかが立ってないと、ただの小さな可愛い魚に見える

ハオコゼは大きくても10㎝くらいの小さくて赤い魚。よく海藻の中に隠れており、遠目から見ると、赤く染まった落ち葉が海の中に沈んでいるようにも見える。それが魚だと分かると嬉しくなってしまって、触りたくなる。というのも、興奮していない時のハオコゼは特徴となる背びれの長いトゲを畳んでいることが多く、写真で見る姿と違う印象になるためだ。ハオコゼはカサゴの仲間で、他にも多くの種類がある。オニオコゼ、ダルマオコゼなど、いかにも怖そうな見た目のものもいるが、それらに比べるとハオコゼはキレイで可愛いイメージの魚だ。しかし、カサゴの仲間には毒をもったトゲをもつものが多い。オニダルマオコゼの毒はハブ毒の約80倍の強さとされ、人間が死亡したケースもある。ハオコゼはそれほどではないが、刺されると非常に痛い。毒は、背びれや腹びれ、しりびれのトゲにある。刺激して万が一刺されてしまった場合には、刺された部分をすぐお湯につけよう。

背びれを畳んでいると、まったく別の魚に見える。それで油断して捕まえようとして刺されるということがある。小さくても毒は強力であなどれない。

釣り上げられたハオコゼ。怒っているので背びれや胸びれなどが立っている。釣れた際に針から外そうとして刺されるケースも多い。

間違えやすい似た生物

【イソカサゴ】 唐揚げなどにするとおいしいイソカサゴ科の魚。体長10cmほどで、磯場ではハオコゼに間違えられやすい。ハオコゼ同様に背びれなどにトゲを持つ。

【カサゴ】 高級魚として知られるカサゴもトゲを持つ。遭遇度も高く、魚屋さんに並ぶこともあるので、もし見かけたら特徴をよく覚えよう。ちなみによく似た見た目の魚で「ウッカリカサゴ」という魚もいる。

予防法

触らない。釣り上げてしまった場合は魚に触れずに掴める道具などで挟んで、海に放す。

処置法

傷口を洗浄して、毒を絞り出す。45度程度のお湯で患部を温め、痛みが続く場合は医療機関へ。

正面から見たハオコゼ。扇のように腹びれを広げて、砂地や岩に乗っていることが多く、あまり泳ぐのは得意ではないようだ。

アカザ ［赤佐］

ナマズ目アカザ科（在来種）

遭遇度レベル ◆◇◇

生息エリア：秋田県以南の本州・四国・九州
大きさ：10〜15cm程度
見られる季節：通年
見られる場所：水温の低い澄んだ河川の上流から中流域の水底。
夜行性

危険度レベル B

胸びれにトゲがあり、素手で捕まえようとすると刺さる。

症状	刺されると痛みが走り、刺されたところが赤く腫れて、水膨れを起こすことも。
毒の種類	アルカロイドとも言われるが、化学的性質は不明

TORRENT CATFISH

Liobagrus reini

×3

アカザに刺された場合の痛さ
注射の3倍

美しい川に棲む 絶滅危惧種のアカザと子どもたち

昔の子どもたちには川遊びでとれる魚の定番と言われるほど、網の隅に入っていた魚。素手で触ると、胸びれのトゲに刺される。ただ今ではキレイな川が減り、アカザは見かけることが少なくなった。赤い小さな川魚で、ウロコがなく、細長い。アガサが急速にいなくなってしまったのは、それだけ豊かな川が減ったという意味。「子どもに生き物は捕らないように教えている」という人もいるが、姿を見かけなくなった理由は捕ったからではなく、川の環境が変わったため。川遊びをしたことのない子どもは川の生物に思いをはせることなく、そんな大人ばかり増えれば、いずれ生き物の棲める川はなくなるだろう。絶滅危惧種なのは川遊びする子どもの方かもしれない。

川の上流から中流域の岩の間に暮らし、水生昆虫などを食べて生きている。万が一捕まえてしまった場合は、素手で触らずにそのまま川に返そう。

アカザの顔のアップ。顔だけ見るとナマズに似ている。あまり目はよくなく、夜行性で暗い川の中を泳ぎながら、8本の太い口ひげで川底を調べながら泳ぐ。

間違えやすい似た生物

【ギギ】

西日本で見られる。胸びれあたりの骨をこすり合わせて「ギーギー」と鳴くからギギと名付けられている。やはりギギも刺すトゲを持っている。見た目は黒っぽい。

©国土交通省九州地方整備局川内川河川事務局

【ギバチ】

ギギと同じ仲間。ギギとの違いは尾びれが2つに割れていないこと。やはりギギやアカザと同様に毒のトゲを持つ。絶滅危惧種。

予防法

胸びれに毒を持ったトゲがあるので、素手で触らない。

処置法

患部をよく洗い、毒液を絞り出し、消毒する。痛みは短い時間でおさまるが、ひどい痛みが長く場合は医療機関で診察を受ける。

× 500

ニホンマムシに噛まれた場合
500MU
LD50=1mg/kg

JAPANESE MAMUSHI

Gloydius blomhoffii

ニホンマムシ［日本蝮］

有鱗目クサリヘビ科（在来種）

遭遇度レベル ◆◆◇

生息エリア：九州以北の日本各地
大きさ：体長40～75cm
見られる季節：春～秋
見られる場所：山、草原、田畑、藪、河川の周辺

山以外の場所でも遭遇する

日本国内に広く分布し、山や田畑だけでなく、川辺や郊外の住宅地でも、つまりどこにでもいる。誰でも出会う可能性は大。柄の特徴をよく覚えて、慌てず、騒がず、そーっと逃げよう。

危険度レベル S

噛まれると毒が入る。

症状	噛まれると激しい痛みと出血があり、患部が腫れる。その後、皮下出血、水疱、発熱、めまい、また神経毒の作用により、物が二重に見えるなどの症状がみられる。噛まれる場所によっては毒のまわりが早く、死亡することも。
毒の種類	おもに出血毒。タンパク分解酵素ホスホリパーゼ A2 など。

早めに病院で処置をすれば大抵助かるが、虫さされと勘違いする場合も

マムシは一般の人が思っているよりも、ずっと遭遇頻度は高い。結構傍にいても気づかないことが多く、天気のいい日には岩の上でとぐろを巻いて堂々とひなたぼっこをしていたりすることもある。猛毒のヘビということで、ハブとマムシのイメージが一緒になりやすいが、この2種はまったく違う。まず生息地。ハブは沖縄、奄美など一部地域に棲んでおり、しかも好戦的。サイズも2mになるものもいる。ニホンマムシは想像よりも小さく40～75㎝。九州以北の日本各地にいて毒自体は実はハブより強い。じーっととぐろをまいている場合、静かに通りすぎれば攻撃してくることはない。うっかり踏んづけたり、不用意に手を出したりなどしない限り、噛まれる心配はあまりない。噛まれても、毒を中和する抗毒素血清があり、ちゃんと病院にかかれば助かる。つまり対策は、マムシを見てもけして慌てないことだ。

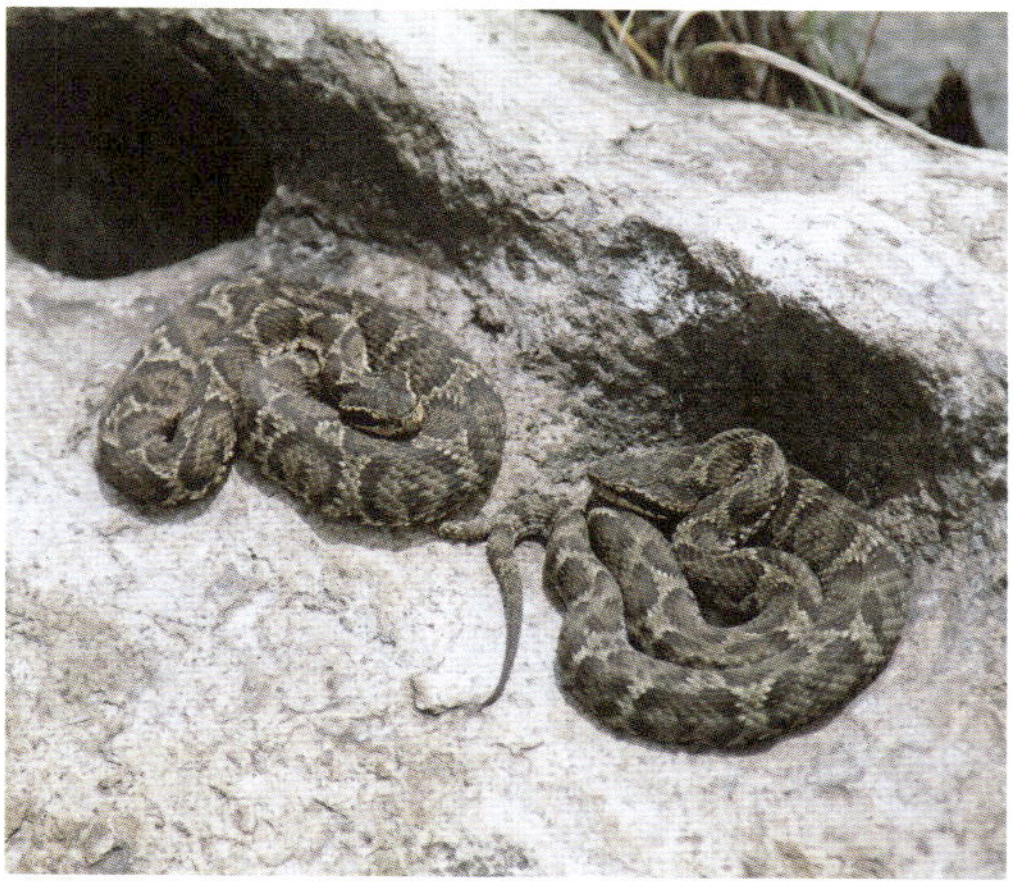

岩の穴や倒木などのすき間などにいることも多い。体に銭形（5円玉のような）模様がある。小さな子にはドーナツ模様と教えてあげても。

目を通る太い黒帯が特徴的。顔を上げているのは様子を伺っているポーズ。この時には静かに逃げよう。

間違えやすい似た生物

【アオダイショウ子ヘビ】 1～2m ある無毒のヘビ。子どもと親と模様が違って頭を三角形にして威嚇してくるので、ニホンマムシに見間違えることがある。

【シマヘビ】 日本固有種で無毒のヘビ。全長約 80cm ～ 2m。ほぼ日本全域に生息。４本の黒い縦縞模様が入るのが一般的。頭を三角形にして威嚇してくるので、ニホンマムシに見える場合も。

予防法

マムシを発見したら 30cm 以内に近づかない。気づかずに踏んでしまうと噛まれるので、マムシがいそうな場所に出かける際は、サンダルなどを避け、丈夫な靴や長靴を着用する。

処置法

噛まれたら、慌てず医療機関で治療を受ける。マムシ抗毒素血清投与などをすれば治る。口で吸い出すのは効果がない。切開するなどはしない。安静にして傷口の様子を見て、救急車を呼んで病院へ。

山や自然公園を歩いていると「マムシ注意」なんて看板が立っていることがある。そこには間違いなく出没したので、気をつけたい。

×
380

ヤマカガシに噛まれた場合
380MU
LD50=0.27mg/kg

TIGER KEELBACK

Rhabdophis tigrinus

ヤマカガシ［山楝蛇］

有鱗目ナミヘビ科（在来種）

遭遇度レベル ◆◆◆

生息エリア：本州、四国、九州と周辺の島々
大きさ：体長60～150㎝
見られる季節：春～秋
見られる場所：水田や河川近く、草むら

無毒だと思われていた毒ヘビ

毒ヘビは頭が三角とよく言われるが、このヤマカガシは頭が三角には見えない。昔は無毒だと言われていたため、年配の人ほどヤマカガシを毒ヘビだと知らない。あまり攻撃的ではないので、噛まれることは少ないが、実は強い毒を持っている。

危険度レベル A

深く噛まれると毒が入る。首筋から毒液も出す。

症状	噛まれても痛みや腫れはほとんどないが、毒が回ると患部や歯茎から出血が続く。頭痛などが続き、重症化すると急性腎不全などを起こし、脳内出血で死に至ることもある。また、首の部分から出る毒が目に入ると、結膜や角膜の充血や痛みを生じ、結膜炎などの症状を起こす。
毒の種類	（首の毒）強心ステロイド （口の毒）血液凝固作用

滅多に人を噛むことはなく、それほど怖がることはない

ヤマカガシは体が細長く、実際の長さよりも小さく見える。顔も可愛い。「そのヘビは毒はないから大丈夫だよ」とわざわざ教えている大人もいる。ヤマカガシは昔から無毒だと考えられており、多くの人が「毒がないヘビ」と思い込んでいる。実際、こんな不幸な事故もあった。ヤマカガシに手を出した少年が指を噛まれ、病院へ行ったが、結果、脳内出血を起こして死亡した。その1984年の死亡例をきっかけに、ヤマカガシの抗毒素血清が作られた。ヤマカガシには2カ所の毒を出す部分がある。1つは口の奥の方にある牙。ただし大きなヤマカガシでも2㎜程度の長さの牙で、マムシのように注射針のような構造ではなく、必ず毒が入るとも限らない。大人の腕などを噛んでも牙が届かないが、指なら深く入って牙が刺さってしまう。指を噛まれた場合は、大きな総合病院へ向かおう。もう1つは首筋から出る毒液。毒のあるヒキガエルを好んで食べ、その毒を利用している。首の部分を棒で叩いたり、切りつけたりすると、毒液が飛び散って、目に入ることがある。

好物は毒生物のヒキガエル。他のヘビはヒキガエルを食べないが、ヤマカガシはむしろ積極的に食べて毒を利用している。

細長い体と、赤と黒の派手な模様が特徴的（写真の個体は関東・東北のもの）。幼体は頭の後ろが黄色い。よく考えてみれば、このカラーリングで、昔はよく毒ヘビじゃないと思われていたものだ。

間違えやすい似た生物

【アオダイショウ】 無毒なヘビ。ヤマカガシは地域によってかなり色や柄に個体差があり、場所によってはアオダイショウと見間違えることもある。具体的には関東・東北エリアのヤマカガシは赤・黒の柄がクッキリしており、中部・近畿エリアでは緑っぽく、中国・四国エリアでは青っぽく、九州では赤と黒だが黒が丸くて大きい。またヤマカガシだけでなく、マムシやシマヘビでも真黒な個体もある。

予防法

臆病な性格なので、向こうから襲ってくることはない。脅かしたり追いかけたりせずに、静かに距離を置く。

処置法

傷口を清潔にし、すぐに医療機関へ行って治療を受ける。首の毒が目に入った場合にはすぐに洗って、眼科へ行く。

中国・四国のヤマカガシ

関東・東北のヤマカガシ

ヤマカガシの黒い個体

中部・近畿のヤマカガシ

川を渡る姿もよく見られる。体が小さいため、動きも素早い。もし川の中でヤマカガシに会ってもつかまえようとしないこと。

ニホンヒキガエル

［日本蟇蛙］

無尾目（カエル目）ヒキガエル科（在来種）

遭遇度レベル ◆◆◇

生息エリア：本州西部（東部の一部地域にも移入）、
四国、九州と周辺の島々

大きさ：8～18㎝程度

見られる季節：春～秋

見られる場所：じめっとしている暗がり、沼、田んぼ、
湿地、公園、民家の庭など。夜行性

危険度レベル C

目の後ろあたりから、毒の汁をタラリと汗のように出す。触っただけで問題が起こることは少ないが、その手で目をこすったり、何かを食べるのは避けたい。

症状	耳腺から分泌する毒が皮膚に付着すると炎症を起こす場合も。口から摂取してしまうと幻覚、下痢、嘔吐、心臓発作を起こすこともある。
毒の種類	ブフォトキシン、混合毒

JAPANESE COMMONTOAD

Bufo japonicus japonicus

×

100

ニホンニキガエルの毒を舐めた場合
100MU
LD50=0.42mg/kg

見た目に反して、「クゥクゥ」と可愛い鳴き声

「ガマガエル」「イボガエル」とも呼ばれる。ずんぐりとした体と、目から走る白と黒のラインが特徴的。動きは鈍いので簡単に捕まえられるだろう。手で握ると目の後ろからタラリと白い液体を出す、それが毒だ。日本でヒキガエルといえば、多くの場合「ニホンヒキガエル」か「アズマヒキガエル」だ。前者は西日本に、後者は東日本に多い。見た目はそっくりだが、ニホンヒキガエルは目とすぐ後ろの丸い鼓膜がひろく離れている。ちなみにヒキガエルは図太そうな見た目で、さぞ濁った声で「グエグエ〜ゲロゲロ〜」なんて鳴くんだろうと思いきや、「クウクウ」なんて甘えたような可愛い声だ。毒も、ヒキガエルをなめたり、触った手で目をこすったりでもしない限り、大事には至らない。

ヒキガエルの卵とオタマジャクシ。寿命は4〜10年ほど。ただし1年間生き抜くことができるのは数%程度。自然は厳しい。

前足の指は4本、後ろ足の指は5本。昔話の悪いおじいさんが開く宝箱から出てくるヘビ、ガマガエル、ムカデなどの悪いイメージがある。「ガマの油」などはガマガエル（ヒキガエル）から作られた薬。

間違えやすい似た生物

【ツチガエル】

小さく3〜6cm程度。全体にイボイボがあり、灰場色。実は日本では減りつつあり、地域により絶滅も危惧されている。農薬の影響が大きいと言われている。人に影響を与える毒はない。

【ヌマガエル】

小さく4〜7cm程度。やはりイボがあるがヒキガエルほどではなく、顔つきも違うのでよく見れば違いを見極められる。人に影響を与える毒はない。

予防法

ヒキガエルに限らず、カエルやイモリ類など野生生物を触った後は、よく手を洗うこと。

処置法

触れたときは必ず手をよく洗う。口に入ったりしない限り、大事にはいたらないことが多い。ただしヒキガエルに触れた手で目をこすった場合は眼科へ。

×

1

ヒアリ一匹に刺された時の痛さ
注射の1倍

RED IMPORTED FIRE ANT

Solenopsis invicta

ヒアリ［火蟻］

ハチ目アリ科（外来種）

遭遇度レベル ◆◇◇

生息エリア：日本には未定着だが、発見の報告が増えている
大きさ：体長2.5〜6㎜
見られる季節：通年見られるが、とくに春〜夏に多い
見られる場所：コンテナの上がる港。公園や農耕地などのやや開けた場所に巣をつくる生態を持つ

もっとも定着してほしくない外来生物

ニュースで話題になってから、一時はアリに敏感になった人もいるのでは？アメリカでは多くの死亡例があるほど、アレルギー症状を引き起こしやすく、絶対に定着を防ぎたい外来生物の一つだ。日本にはまだ定着していないので恐れることはないが、よく覚えておこう。

危険度レベル A

体が小さいので一匹の持つ毒自体は少ないが、多くのアリに刺されると危険。巣などに近づくと集団で襲われる危険性があるので注意。

症状	刺されると火傷したような痛みがあり、水泡状に腫れる。体質によっては重いアナフィラキシー症状を起こすこともあり、ショック死にいたる場合も。
毒の種類	アルカロイド毒であるソレノプシン、ホスホソパーゼ、セアルロニダーゼなど

世界最強の生き物は
アリかもしれない

今、世界中で問題になっている厄介な生物。それがこんな小さなアリだ。アリは一匹では小さく無力なように見えても、集団で統率のとれた行動をする社会性を持っている。アリは複雑な巣を作ることが知られているが、その巣の中に畑を持ち、キノコなどを栽培しているものもある。また女王アリは20年以上生き、死んだ仲間を埋葬する。仮にどんな高い場所から落ちても平気で、どんな隙間もすり抜ける。自分の体の何倍も大きな生き物をエサにし、持ち上げる力持ち。仲間が襲われれば集団で作戦的に戦い、自分の命をかけて巣を守ろうとする。そして都市でも山でも、アリは地上のあらゆる場所に暮らしている。世界で一番数が多い生き物はアリだ。その戦略のスゴさ、洗練された行動。そんなアリに毒があったら…。ヒアリは「火蟻」と書くように、刺されると火傷のように傷む。英語でもファイヤーアントと呼ばれる。噛みついて来た後に、何度も毒針で刺してくる。そのうえ在来アリを駆逐するので要注意だ。

ヒアリの巣は土がドーム状に盛り上がる。乾燥に強く、アメリカなどでは公園や空き地の他、民家などにも巣を作っている。

標本写真。ヒアリをはまだ日本には定着していない。背中のコブが2つで、頭とお尻が大きく、ツヤツヤ光った濃い赤色の体が特徴だ。

間違えやすい似た生物

【キイロシリアゲアリ】 よくヒアリと間違えられて通報されるものの代表。日本では本州、四国、九州に生息する大人しい在来アリ。落ち葉の下などに棲んでいるが、羽蟻は結婚飛行で9～10月頃によく見かける。色やお尻の形で区別できる。

【アリグモ】 アリに擬態しているクモ。クモが何故アリに?と思うかもしれないが、実はアリは強い捕食者なので、身を守るためにアリのフリをしている。何か違和感があるので「ヒアリでは?」と思う人も。

予防法

現在、日本で出会うことはまずないが、農作業、庭や家庭菜園などの野外作業をする場合は手袋をつける。見つけた場合は触らずに、自治体（または地方環境事務所など）に連絡する。

処置法

20～30分程度安静にし、体調の変化に注意し、様子を見ること。体調が悪化した場合、アナフィラキシーの可能性がある場合はただちに医療機関へ。アドレナリン自己注射キット「エピペン」、または抗ヒスタミン剤の内服薬などを用意しておくと安心。

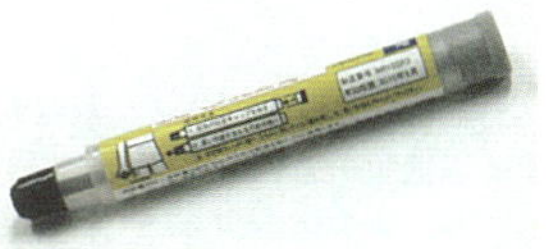

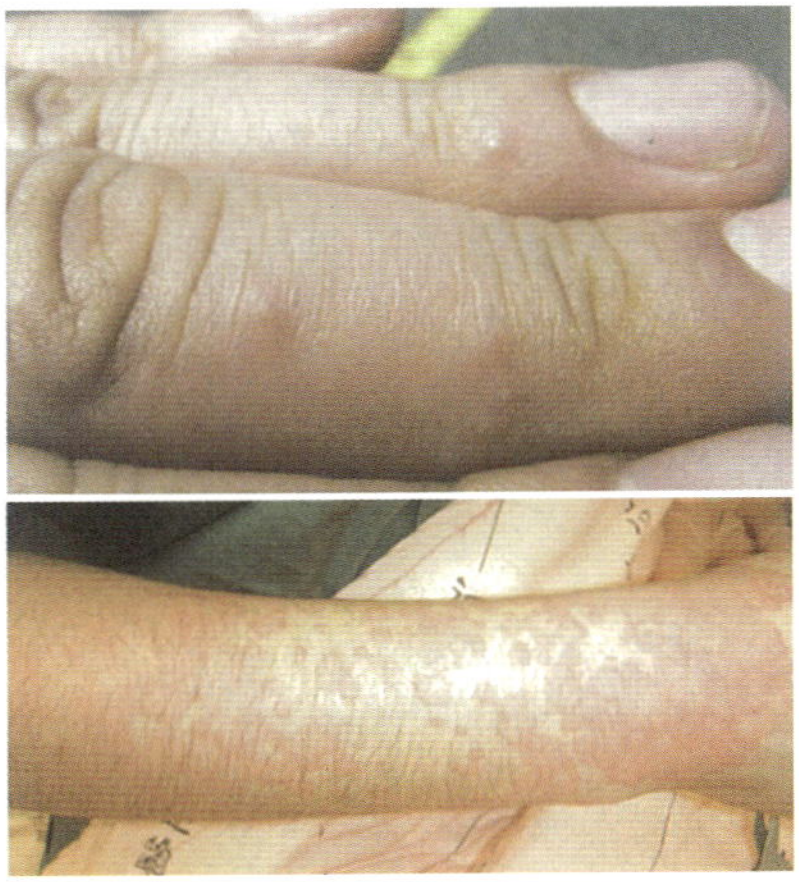

刺されると写真のように腫れ上がり、痒くなる。じんましんや息苦しさなどアレルギー反応が出た場合は、病院にかかろう。

ASIAN GIANT HORNET

Vespa mandarinia japonica

×
5

オオスズメバチに刺された場合の痛さ
注射の５倍
LD50=4.1mg/kg

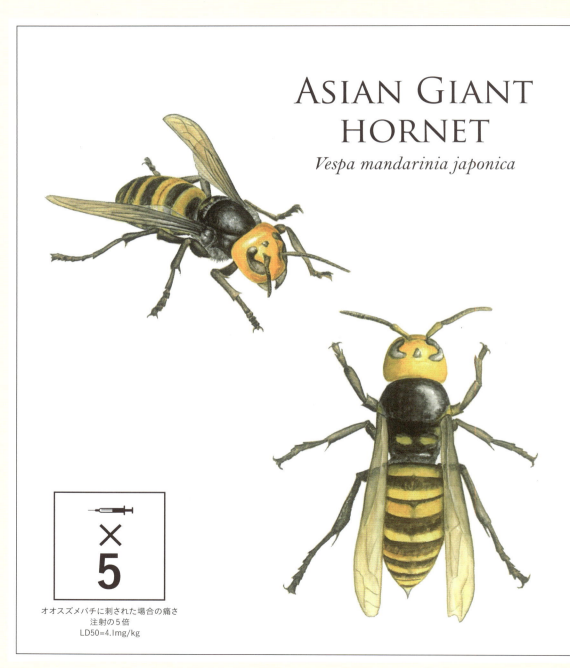

オオスズメバチ
［大雀蜂］

ハチ目スズメバチ科（在来種）

遭遇度レベル ◆◆◆

生息エリア：北海道〜九州
大きさ：雌37〜55㎜、働きバチ27〜45㎜
見られる季節：夏〜秋
見られる場所：林にすみ、木の穴や地中に大きな巣をつくる

世界最大のスズメバチ

体が小さいと言われる日本人。同様に日本の在来種は小さく弱く、外来種は強くて大きい、というイメージがあるが、世界一大きなサイズのスズメバチは日本にいる。獰猛で、他のハチたちをムシャムシャと食べてしまう。年間20〜30人死亡する、もっとも注意したい虫だ。

危険度レベル S

刺されると毒が体内に注入される。

症状	激痛や腫れがあり、血流で毒が脳に入り、頭痛を起こすこともある。2度目以降や一度に多くの個体に刺されると、アナフィラキシー症状を起こし、死亡することもある。
毒の種類	ヒスタミン、セロトニン、キニン、マンダラトキシンなど

肉食で、大型昆虫やクモ、ミツバチを襲う

海の中の捕食者の頂点がサメやシャチだとすれば、昆虫界のトップに立つのはスズメバチかもしれない。わずか10匹程度のオオスズメバチで数万匹のミツバチの巣を全滅させることもある。ミツバチを食べ、幼虫はお土産に持ち帰る。スズメバチは他にも国内に8種いるが、大きさも獰猛さもダントツだ。大きさはなんと大人の親指ほどもある。特に次世代の女王バチが生まれる9～10月頃は要注意。働きバチがもっとも多く、オオスズメバチが攻撃的になる季節で、大きな顎をカチカチ鳴らして威嚇してくる。もし巣の近くを通って敵と見なされれば、噴射した毒液が警報フェロモンとなり仲間を呼び寄せ、集団で執拗に襲う。毒針は何度も使える。そんな時に「ジッとしていれば大丈夫」なんて通用しない。襲われそうになったらすぐに全速力で走って近くの建物の中か、とにかく遠くへ逃げよう。スズメバチに敵ではないと分かってもらえるまで。

他の虫を噛み切るほどの強力な顎を持っている。人を噛むことは滅多にない。昆虫などをしとめる際は噛み付きながら、毒針を刺してやっつける。

右側の大きなものがオオスズメバチ。他のスズメバチより大きい。基本肉食だが、樹液などを吸いに樹木に集まっていることが多い。カブトムシやクワガタ採りではオオスズメバチに気をつけよう。

間違えやすい似た生物

キイロスズメバチ

クロスズメバチ

【スズメバチ類】

国内にはオオスズメバチ以外にも、コガタスズメバチ、キイロスズメバチ、ヒメスズメバチ、モンスズメバチ、クロスズメバチ、チャイロスズメバチ、ツマグロスズメバチ、ツマアカスズメバチがいる。識別できなくても、いずれも毒を持ち、刺してくるので、要注意なことに変わりはない。

予防法

巣には絶対に近づかないこと。飛んできても手で振り払ったり、スプレーをかけるなど刺激しない。野外活動時は帽子を着用し、肌の露出を少なくする。何もなければ、じっとしている方が良いが、巣が近いと、じっとしていても刺されるため、その場をすぐに離れる。

処置法

ハチの毒は水に溶けやすいので、傷口をつまんで毒を絞り出しながら水で洗う。軟膏を塗る。アレルギー反応が出ている場合は医療機関へ。

最初はたった一匹の女王バチが巣を作りながら、産卵、子育て、防御を行う。オオスズメバチの巣は大体木の上に枝を巻き込み作られることが多い。土の中に巣を作ることが多いのも特徴。

スズメバチの成虫の主な栄養源は糖やタンパク質。幼虫に虫の肉団子などの餌を与え、幼虫から糖やタンパク質の液を出してもらう。花蜜や樹液に集まるほか、成虫同士でも栄養交換を口移しで行う。

セグロアシナガバチ

［背黒脚長蜂］

ハチ目スズメバチ科（在来種）

遭遇度レベル ◆◆◆

生息エリア：本州以南
大きさ：18〜26mm
見られる季節：夏〜秋
見られる場所：平地にすみ、民家の軒下や木の枝、岩かげなどに巣をつくる

危険度レベル B

刺されると毒が体内に注入される。

症状	刺されると、激痛、発赤、腫れが見られ、重症化すると、発熱、嘔吐、浮腫などが起こる。スズメバチ同様、2度目以降に刺される時、アナフィラキシーショックを起こす危険性はあるが、毒自体はスズメバチほどの危険性はない。
毒の種類	ヒスタミン、セロトニン、キニン、ヒアルロニダーゼなど

JAPANESE PAPER WASP

Polistes jokahamae

×3

セグロアシナガバチに刺された場合の痛さ
注射の3倍

家の周囲によく巣を作るハチ

ミツバチは花の受粉を手伝い、作物の実りを良くし、人間の役に立つ。アシナガバチは？と言われれば、よく民家に巣を作るので駆除の対象だ。でも毛虫も食べるなど、生態系には重要な存在。セグロアシナガバチは日本で最大級のアシナガバチ。ハチは古い巣を再利用することはなく、冬には新女王一匹を除き、みんな死んでしまう。新女王は木の隙間などで冬を越し、春にたった一匹で巣作りから始める。アシナガバチの巣穴はミツバチと同じく六角形。このハチの巣の構造は「ハニカム構造」と言われ、軽くて強度があり、音や衝撃、断熱性も高い形と言われている。その構造は飛行機の翼や新幹線などにも利用されている。

背中から見ると、全体的に黒っぽく、アシナガバチの中では茶色い印象。大きさはアシナガバチの中では大きい方のため、スズメバチと間違える人もいるが、ウエストがもっと細い。

顔はシャープで、強い顎を持ち、触角も手足も長い。スズメバチに比べると非常に体が細く、飛んでいる時に脚をだらんとぶら下げているのが特徴。9月は攻撃的。

間違えやすい似た生物

【キアシナガバチ】

セグロアシナガバチに比べると全体が黄色い印象。稀にセグロアシナガバチと一緒に集団を作り、越冬することもある。

【ミツバチ】【ハナバチ】

写真左がミツバチ、右がハナバチの一種。どちらも花の蜜や花粉を食べる大切なハチ。年々、農薬の影響で数が減ってきているとされている。人間の手で受粉するよりも実りが多く、彼らがいなければ世界は食糧難になると言われている。そっとしておこう。

予防法

飛んできたら、じっとして動かないこと。むやみに巣に近づいたり、振り払ったりして刺激しない。野外活動時は帽子を着用し、肌の露出を少なくする。

処置法

傷口をつまんで毒を絞り出しながら水で洗う。軟膏を塗る。体調が悪化すれば医療機関で診断を受ける。

×
3

アカカミキリモドキを
一匹潰した場合の痒み
蚊の３倍

OEDEMERID BEETLE

Xanthochroa waterhousei

アオカミキリモドキ

【青擬天牛】

コウチュウ目カミキリモドキ科（在来種）

遭遇度レベル ◆◆◇

生息エリア：北海道、本州、四国、九州
大きさ：11～15㎜
見られる季節：5～9月
見られる場所：山地、市街地など。夜間は明かりに集まる

街灯の下などに集まる小さな虫

夜道を歩いている時の街灯の下や、キャンプ場のランタンなど、暗がりで明かりに寄ってくる。手で追い払う時に、うっかり潰してしまうと、火傷したようになるのでご用心。

危険度レベル C

刺されたり、噛まれたりすることはない。触れただけでも問題ないが、うっかり潰してしまうと体液に毒があるため、火傷したようになる。

症状	毒液に触れると、赤く腫れ、水疱が生じ、痛みを感じる。水疱が破れてかさぶたになると、強い痒みが2週間ほど続く。
毒の種類	カンタリジン

敵に食べられないようにするため毒を身につけた

小さな甲虫。でもカミキリモドキは関西で40歳以上の人にはそこそこ有名な虫だ。「兵隊虫」「勝負虫」「やけど虫」などのあだ名で呼ばれ、肘の間に挟んで友達と勝負し、水ぶくれができたら負け、できなければ勝ち、という遊びがあったそう。虫嫌いのお母さんなら卒倒してしまいそうな話だ。アオカミキリモドキはとても大人しく、攻撃などは一切してこない。こちらから潰したりした時のみ被害をこうむる毒生物だ。運良く潰したことがなければ、彼らを意識することもないだろう。ただ潰す気がなくても、暗がりで遭遇するため「何か痒いな」と首筋や腕などを掻いた時に、潰してしまうことがある。潰した本人は潰したことすら気づかずに、突然火傷したような傷ができる。名前に「モドキ」と付いているように、アオカミキリという名前の甲虫がいるが、まったく種類が違う他人の空似だ。

例えばこんな場所に隠れていることも。それゆえに万が一、知らずに潰してしまった場合はその痛みに驚くだろう。

小さくても甲虫なので飛ぶためのハネは外側の殻で守っている。ただ全体的に体が柔らかく、だからこそ潰れやすい。唯一持った武器が毒という訳だ。

間違えやすい似た生物

【カミキリムシ】

リンゴカミキリ、ホタルカミキリなどがよく似ている。違いは目の大きさとあごの位置。カミキリムシは樹木や葉をかじるあごを持つ。写真はリンゴカミキリ。毒はない。

【ショウカイボン】

見かけはカミキリムシ、またはカミキリモドキの仲間に見えるが、実はホタルに近い虫。3mm から 20mm ほどの体で種類によって大きさが違う。毒はない。

予防法

体に止まった場合は、刺激しないようにそっと払いのける。

処置法

毒液がついてしまったら、水でよく洗い流す。炎症が生じた場合は、火傷と同じように処置。軟膏を塗る。

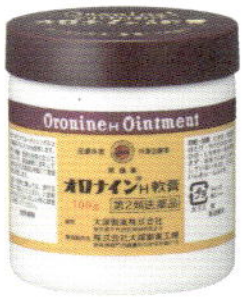

カミキリムシより目が大きく、口が前に付いている。カミキリムシは木をかじるが彼らはそんな強い顎は持っていない。

× 3

アオバアリガタハネカクシを
潰してしまった場合の痒さ
蚊の 3 倍

ROVE BEETLE

Paederus fuscipes

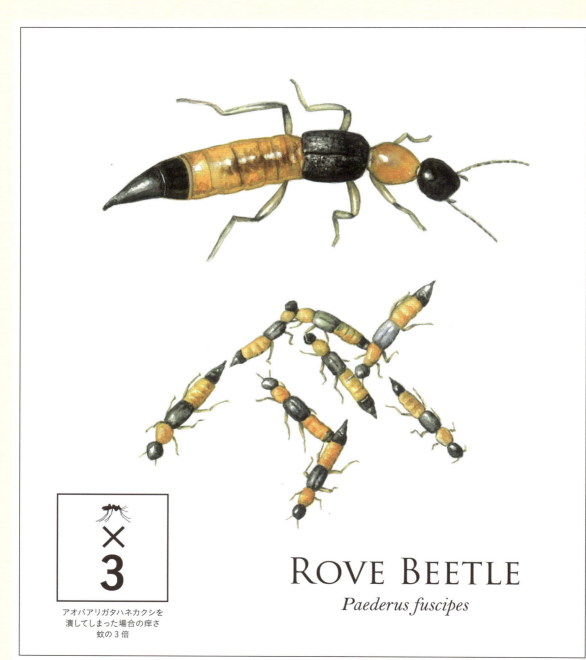

アオバアリガタハネカクシ

［青翅蟻形隠翅虫］

コウチュウ目ハネカクシ科（在来種）

遭遇度レベル ◆◆◇

生息エリア：日本全国
大きさ：体長6.5〜7㎜
見られる季節：4月〜10月
見られる場所：水田、川辺、湿った草地、夜間は明かりに集まる

日本に2300種いる、通称「ヤケド虫」

一見すると、まったく飛ばなそうなだが、その名もアオバ（青い羽根）アリガタ（アリ型の）ハネカクシ（羽根を隠している）甲虫だ。夏の夜に明かりに飛んで来て体に止まることがある。それをうっかり潰してしまうと、火傷のような跡が残る。ハネカクシの仲間は多くの種類があるが、毒があるのはほんの一部。

©虫撮りデジカメ日記

危険度レベル C

潰すと体液にある毒は皮膚に触れて、火傷したようになる。

症状	皮膚に体液が付着すると数時間後に、痒み、赤い腫れ、水疱を生じ、やがて火傷のような痛みに変わる。目に入ると、結膜炎や角膜炎などを起こす。
毒の種類	ペデリン

家の中にいるのに、何故か火傷する？

年配の人は「ヤケド虫」と覚えている人もいるかもしれない。高度成長時代、たくさんの川や水田を埋め立てて住宅やマンションを建てた。その時に家の中に入って来て皮膚炎などを起こしたと話題になった虫が、このアオバアリガタハネカクシだ。1㎝未満の細長い体で、まるでアリのようなので、知らないとまったく甲虫には見えない。小さく羽根を折り畳んで隠している。光に集まる習性があるため、家の中でも被害に合う可能性があり、その正体がまさかこんな小さな虫とは思わないだろう。気づかないうちに潰して、気づけば皮膚が赤くただれている。特徴はアリのような頭と、このオレンジと黒の交互の配色パターン。覚えておくと便利だ。派手な配色で鳥やトカゲなどの捕食者には、わざと毒のある危険アピールをしていると考えられる。雑食性で、稲などの害虫のウンカやヨコバイなどを食べてくれるので、農家の目線で言えば益虫だと言われている。

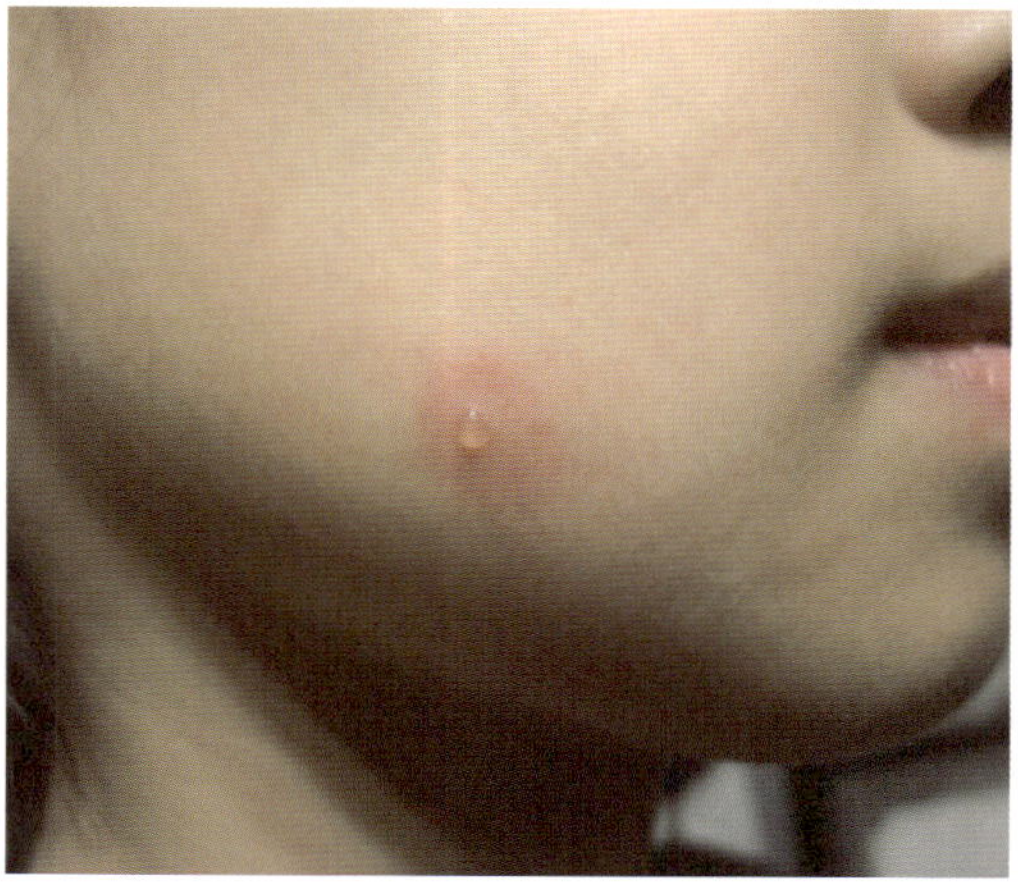

アオバアリガタハネカクシを潰してしまった場合の皮膚は水ぶくれや火傷のようになる。理由が分からず、突然屋内で何かにかぶれたと思った時はアオバアリガタハネカクシが原因かもしれない。

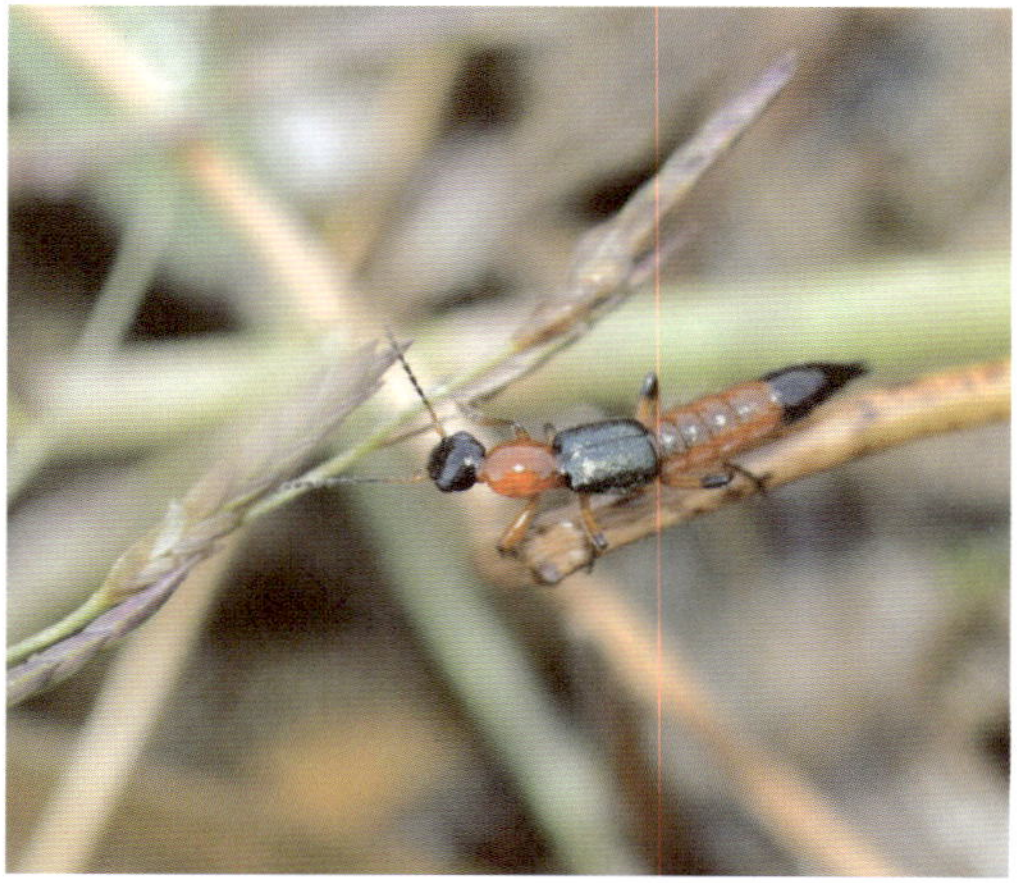

顔だけ見ればアリにそっくり。頭と尻尾は黒、交互にオレンジ。背中の中央のみ甲虫らしさが見える。

間違えやすい似た生物

【コメツキモドキ】 サイズ感やいる場所など、雰囲気が似ているが、よく見ると異なる形。カラーリングを似せた種類がいくつかいる。アオバアリガタハネカクシを真似て身を守っているという説も（この写真は海外の種類）。

【ハサミムシ】 尻尾の部分にハサミを持ち、反り返って威嚇する。なんとなくシルエットが似ている。ハサミムシは子どものそばを離れず、敵にハサミを向けて追い払う優しい子育て虫だ。

予防法

見つけても触らない。皮膚にとまったら、叩かずそっと払いのける。夜は明かりを求めて飛来するので、入ってくるなら窓を閉める。

処置法

体液が付着した部分を洗い流し、市販の抗ヒスタミン剤含有のステロイド軟膏を塗布する。目に入った場合や、症状が重い場合は医療機関へ。

こんな姿でも良く飛ぶ虫。一体どこに隠していたのか?と思うほど立派な羽根を持っている。

×
4

チャドクガに刺された場合の痒さ
蚊の 4 倍

TEA TUSSOCK MOTH

Arna pseudoconspersa

チャドクガ

［茶毒蛾］

チョウ目ドクガ科（在来種）

遭遇度レベル ◆◆◆

生息エリア：本州、四国、九州
大きさ：成虫25～42㎜、幼虫35～40㎜
見られる季節：5月～8月、10月頃
見られる場所：庭や公園。ツバキやサザンカなどの生垣

ツバキ科の葉に、びっしり整列している

校庭や公園などに植えられたツバキの木。その葉の上に、ズラリと並んでうごめいている。黄色と黒というカラーリングもあって、大人ならまず触らないが、小さな子には目に止まりやすく興味がわくだろう。ふさふさした毛も可愛く見えるかもしれない。

危険度レベル C

毛の部分に毒があり、触れると散らばって付く。

症状	毒針毛に触れると赤くなり、痒みが起こり、じんましんのようになる。頭痛や発熱を伴うことも。2度目以降はアナフィラキシー症状を起こす可能性もある。
毒の種類	ヒスタミン、エステラーゼ、キニノゲナーゼなど

ふわっと毒針毛をまとっている

チャドクガは卵から成虫までずっと毒針毛を持っている。幼虫時の脱皮殻についた毒針が、そのまま成虫になってもついているのだという。そして卵にもそれが産卵の時に引き継がれる。人間で例えるなら、赤ちゃんの時の肌着の糸くずを、ずっと大人になってもつけている感じだ。ちなみに虫は嫌いだけど、チョウやイモムシは好き、という女性は結構いる。けれど毛虫となると嫌いな人が大多数。刺されるし、びっしり毛が生えていて気持ち悪いという。でも毛虫の中には毒もなく、まったく刺さないヤツもいるし、毛なら犬や猫にも生えている。毛虫というだけで嫌われるなんて不憫なヤツだ。チョウとガの区別を「止まった時の羽の形」「飛び方」と言う人もいるが、実はまったく当てにならない。何故ならチョウは、ガの中の一つのグループだからだ。日本にはガは4千種類以上いるが、チョウは230種類ほど。虫界ではガの方が圧倒的に多数派でメジャーなのだ。

卵は毛だらけで、卵には見えないほど。見ようによっては可愛い。親が産む時に毒針を卵にまとわせる。親が死んだ後もその毒針毛は有効だ。

ツバキ、サザンカの葉の上にいて、葉を食べている。1年に2度チャドクガの季節があり、5〜8月と10月頃。黄色と黒で危険な生き物と周囲に知らせている。

間違えやすい似た生物

【キドクガ】 チャドクガ同様、卵から成虫まで毒針毛を持つ。ツツジ、マンサクなどを食害する。成虫は黄色。

【モンシロドクガ】

チャドクガ同様、卵から成虫まで毒針毛を持つ。サクラ、ウメ、クリ、リンゴ、コナラ、バラなど幅広く食害する。成虫は白。

予防法

卵から成虫まで触らない。庭の手入れや野外活動をするときは、長袖、長ズボン等を着用し、肌の露出を少なくする。

処置法

毒針毛は皮膚に残りやすいので、手で払うと余計広がる。患部を触らず、静かに粘着テープをあてて取り除き、水で洗い流す。症状がひどい場合は病院へ。眼に入った場合は眼科へ。

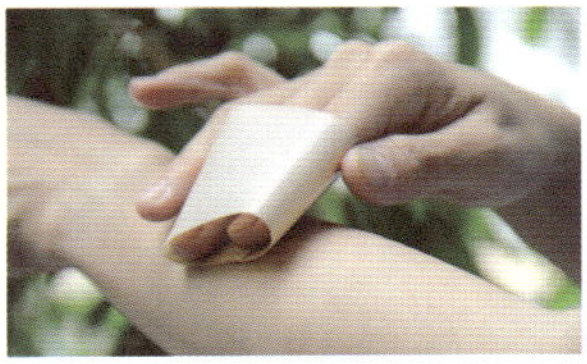

成虫にも毒針毛はそのまま持ち越される。この毛で外敵から身を守っている。明かりめがけて夜間に飛んでくる成虫に触れて、被害に遭うことも。

BLUESTRIPED NETTLE GRAB

Monema flavescens

×
3

イラガに刺された場合の痛さ
注射の 3 倍

※ガのイラストはヒロヘリアオイラガ

イラガ［刺蛾］

チョウ目イラガ科（在来種）

遭遇度レベル ◆◆◆

生息エリア：北海道〜九州
大きさ：成虫26〜34㎜、幼虫25㎜程度
見られる季節：成虫は6月〜9月
見られる場所：庭や公園。
カキ、ナシ、ウメ、サクラ、クリなどの木のそば

派手な見た目。一度刺されたら忘れない

桜の木などが植えられた公園で、刺される毛虫の中では、ぐんを抜いて痛い。チクッではなく、ビリッと電気が走ったような衝撃の後、数時間ほどじんじんと、しびれたように痛む。大人でも驚くほどの痛み。それも彼らが身を守るための戦略なのだ。

危険度レベル C

毛に毒があり、触れると激痛がある。

症状	刺されると感電したような痛みが走るが、数時間で消える。その後、赤く腫れて痒くなる。
毒の種類	ヒスタミン、タンパク毒など

どうして毛虫は毛が生えているのか？

鮮やかな緑色の小さな寸詰まりの体に、分かりやすいトゲ。これらの毛はチャドクガのものと違い、強烈な痛みを与える。刺されたらイライラするからイラガ、ではなく、「イラ」という言葉は「刺（とげ）」を表す。イラクサなどもそうだ。公園で突然、赤ちゃんが火がついたように泣き出したら、イラガなどの毛虫がそこにいたのかもしれない。イラガがここまで強い毒針毛を持っているのは、鳥などの捕食者から身を守るためだ。鳥の大好物は幼虫。もし毛だらけで飲み込みにくく刺す毛虫と、毛のないつるんとしたイモムシが両方あれば、迷わずイモムシの方を食べるだろう。目立つ蛍光色、目立つトゲもそのため。チャドクガの毛はふわっと散らばってつくため、手などで払ったりするとかえって皮膚の上に広まり、痒みを増す場合があるが、イラガの場合は強烈に痛むが、その後の治りは割と早い。また成虫やまゆは無害。同じ毒針毛を持つ毛虫でも、案外違いがあるものだ。

桜などの木に写真のような繭（まゆ）のカラを見つけたら、その近くにはイラガがいるかもしれない。繭は硬く、毒はない。写真左はイラガの繭、右はヒロヘリアオイラガの繭の抜けがら。

トゲトゲの尖った角のような部分に毒がある。アップで見るとサボテンのよう。サイズはわずか2cmほどの毛虫にも関わらず、刺されたと時の衝撃はかなりのものだ。

間違えやすい似た生物

【ヒロヘリアオイラガ】 近年増えて来ている外来種のイラガの一種で公園で出会いやすい。こちらもイラガ同様毒がある。縦に青い筋の模様が入る。成虫は緑色で、茶色の波がある。

【アカイラガ】 イラガの一種で毒のある毛虫。アカイラガの幼虫は半透明のグミの房を身にまとうような外見。サナギになる時にはそのグミ状の房がポロポロととれてしまう！

予防法

この毛虫を見たら、絶対に触らない。庭の手入れや野外活動の際には、帽子、長袖長ズボンを着用し、肌の露出を少なくする。

処置法

患部をこすらないように、静かに粘着テープで毒針毛を取り除き、流水で洗い流す。抗ヒスタミン剤含有のステロイド軟膏を塗る。

手足でちょこんとつかまっている成虫。見ようによっては葉っぱのよう。でも擬態が中途半端で、バレているあたりも可愛い。成虫の時は毒はない。

× 200

セアカゴケグモに噛まれた場合
200MU
LD50=0.9mg/kg

RED-BACK WIDOW SPIDER

Latrodectus hasselti

セアカゴケグモ

［背赤後家蜘蛛］

クモ目ヒメグモ科（外来種）

遭遇度レベル ◆◆◇

生息エリア：全国各地。特に西日本に多い
大きさ：雌10㎜、雄3～5㎜前後　毒が強いのは雌
見られる季節：通年
見られる場所：側溝、民家の物陰、ベンチ、花壇、自動販売機の下など

近年、日本で増加しつつある毒グモ

真っ黒の体に、真っ赤な模様。サイズは1㎝未満と小さく、荷物などに混ざって上陸した外来生物。大自然のある山の中などよりも、市街地や民家の方が遭遇しやすい。

危険度レベル A

噛まれると体内に毒を注入される。ただし大人しいので攻撃性はない。巣を壊したり、掴んだりすると噛まれる。

症状	噛まれると針で刺されたような痛みを感じ、腫れ、熱感が生じる。脱力感、筋肉痛、頭痛などの全身症状が現れることもある。
毒の種類	神経毒のα－ラトロトキシン

庭に置きっぱなしのサンダルはいい隠れ家

クモは害虫を食べてくれる益虫。ハエトリグモなんてむしろ室内にいてほしいくらいだ。ところがサイズが１cm未満の毒グモとなると厄介だ。なにしろ彼らは物音を立てず、壁も上れるし、糸で上り下りでき、ふわっと飛ぶこともできる。物陰にいても気付かないだろう。セアカゴケグモは１９９５年に大阪府で発見されて以来、じわじわと生息域を拡大し、今では日本に定着したオーストラリア原産の毒グモ。噛まれた３〜４時間後がもっとも重症化しやすく、数日でよくなる。多いのは家の周辺での被害だ。植木鉢を上げた時、庭に出しっ放しだったサンダルを履いた時、シャッターを上げた時、ドブ掃除をしようとグレーチングを開けた時、墓掃除をしていた時など、いずれも日常的。虫や植物などの外来種の特徴として、荷物に紛れて持ち込まれることが多いため、市街地から広がって行く。関西のとある公園では１０００匹も見つかっている。

セアカゴケグモのオスはまったく見た目が異なる。メスより小型で褐色がかって目立たない斑紋。幼体の間もこのような褐色。オスは交尾後メスに食べられることがあるので「後家グモ」と呼ばれる。

丸い胴体の背中に、赤い斑点がある。昔は局地的に見つかっていたが、現在ではほぼ本州全域で発見されている（2017年時点で44都道府県で発見）。

間違えやすい似た生物

【オオヒメグモ】 日本にいる似たシルエットの在来種のクモ。模様は茶色っぽく、色が違うので分かる。人間に効くような毒は持たない。

【ハイイロゴケグモ】 見た目のシルエットは似ているが、色が異なり、名の通り灰色がかった色をしている。こちらも外来種の毒グモ。大きいのがメス、小さいのがオス。

予防法

長袖、長ズボン等を着用し、皮膚の露出を少なくする。つかんだり、巣に触れたりしない。外に置いてあるサンダル等を履く場合は注意する。環境省が指定する特定外来生物のため、まだ発見されてないとされているエリアでは、見つけた場合は自治体か保健所に通報を。

処置法

傷口を流水や石鹸で洗い、医療機関で診察を受ける。重い症状が現れたら救急車を呼ぶ。発生地域では抗血清を準備している病院もある。

卵。メスは生涯で 5000 匹前後を産むと言われている。巣は三次元構造で一見ぐしゃっと丸まっている。

× 150

カバキコマチグモに噛まれた場合
150MU
LD50=0.005mg/kg

YELLOWISH SAC SPIDER

Cheiracanthium japonicum

カバキコマチグモ

［樺黄小町蜘蛛］

クモ目フクログモ科（在来種）

遭遇度レベル ◆◇◇

生息エリア：沖縄をのぞく日本全国
大きさ：体長10～15㎜
見られる季節：6～9月
見られる場所：草むら、河原、
イネやススキなどイネ科の植物のそば

イネ科の草の葉が不思議な形に折れていたら要注意

主に出没するのは初夏から秋口。風になびくススキ原の青い葉がまるで中華料理のちまきのように巻いてある。誰かのイタズラかな?と思いきや、その中にいるのは、子育てする毒グモだ。

危険度レベル B

巣を壊したりすると噛まれる。稀に家の中で噛まれることも。

症状	噛まれると、赤く腫れあがり、激しい痛みがある。重症化すると発熱、頭痛、悪心、呼吸困難、食欲減退、ショック症状を起こし、それらが2週間ほど続くことも。
毒の種類	ノルエピネフリン、エピネフリン、セロトニンなど

日本在来種の中で もっとも強い毒グモ

自然遊びの最中に、遭遇しやすいのがこのカバキコマチグモ。実は毒の強さだけで言えば世界のトップクラスだが、牙が小さく体に入る毒が少ないため死亡例はない。日本中の原っぱや田んぼ、自然公園など割とどこにでも生息してる小さなクモで、自然と馴染む茶色で1cm程度。歩いているこのクモを認識することはぼほない。イネ科の植物が多く茂る場所を好み、6月頃にはイネ科の葉で巣を作り、子育てをする。イネ科と言えばススキ、オヒシバ、エノコログサ、コバンソウ、カモガヤなど空き地や河原でよく見る雑草はイネ科で、手が切れる細長く硬い葉のものが多い。それを器用に折り曲げて、雨風をしのげるシェルターを作る。部屋は狩りに使う部屋であったり、産卵場所であったり、目的別につくり変える。いわゆるクモの巣は張らず、夜中に徘徊して虫を補食する。夏に卵を生むとその中で卵を守る。そうやって生まれた100匹ほどの赤ちゃんクモは脱皮を終えると、なんと母親グモをみんなで食べてしまう。残酷なようだが、そこで母親は完璧に役目を終えるのだ。

巣作りをしている途中の様子。イネ科の葉を折り曲げて、糸を出して固定しながら作っている。わずか1cm程度のクモがこんなことができるとは驚きだ。

長い脚と黄色い体。脚の数が10本に見えるかもしれないが、一番前の短い2本は触角のようなもの。強い毒牙を持ち、その先端が注射針のようになっており、牙から毒液を注入する。

間違えやすい似た生物

【ハマキフクログモ】

ハマキフクログモは見た目もカバキコマチグモと似ているが、巣の作り方も似ている。巣の形が葉巻のように細長いことから、その名が付いた。成虫の個体にはうっすら毛が生えていて、体も少し細め。

予防法

攻撃性はあまりないので、触らない。巣を壊したりしないこと。イネ科の植物の刈り取りの際は、軍手、長袖、長ズボンなどを着用する。

処置法

流水でやさしく洗い流した後、ステロイド軟膏を塗布する。症状が重い場合は医療機関で診察を。

完成形の巣はちまきのような形になる。加工するのにもっとも効率のいい形なのだろう。この中にいる胃は子どもを外敵から守ることができる。そうして守った我が子に最後は自らの命を与える。

×

2

マダニに刺された場合の痒さ
蚊× 2

TICK

Ixodidae

マダニ［真蜱］

ダニ目マダニ科（在来種）

遭遇度レベル　◆◆◇

生息エリア：日本全国
大きさ：成虫３～８㎜
見られる季節：春～秋
見られる場所：野生動物がいる野山、草原、草むらなど

豊かな自然の野山で動物に寄生する

吸血生物や、寄生虫は数多あっても、
ここまで堂々とくっついているヤツは少ない。
草むらや山の中で遊んだ後に、
犬や自分の肌に黒いものがついていないか見てみよう。
一度食いついたら、離れない。無理に引き離すと
かえって危ないので、病院で取ってもらおう。

危険度レベル A

マダニ自体が毒を持つのではなく、病原菌を媒介して、人にうつす。

症状	噛まれると、痒みや痛み、発熱を生じて、腫れる。潜伏期間を経て、日本紅斑熱、ライム病、重症熱性血小板減少症候群（SFTS）など、さまざまな感染症にかかる可能性があり、重症化すると死亡することも。
毒の種類	ヒスタミン、血液凝固阻止酵素など。病気を媒介する。

愛犬から
人間にうつることもあるので注意

山間のキャンプ場などで犬も連れて行ける場所が増えている。草むらに顔を突っ込む犬の様子は可愛いものだが、もし犬の耳の中に見慣れない黒や茶色のものがくっついていたらマダニの可能性が。人でも野山の草むらで付く場合がある。マダニは意外にも最初の吸血ではあまり痛みも痒みもないため気付きにくい。気付くのは数日経ってからのこと。その頃にはたっぷり血を吸い、体はパンパンに膨らんでいる。限界まで吸えば自ら外れるが、吸っている間は外れず、引き抜くと口だけ残ってしまうことが多い。彼ら自体に毒はないが、蚊と同じで病気を媒介する。日本紅斑熱や野兎病の他、問題となるのはSFTSと、ライム病だ。重篤な場合、死に至ることもあり、あまり有効な治療法がない。ちなみにダニは脚が8本。サソリも毒グモも脚が8本だ。8本脚のヤツには気をつけよう。

シュルツェマダニ

フタトゲチマダニ

ヤマトマダニ

クモは胴体2つで脚8本だが、マダニは一体化した体に脚が8本ある。ゆえに虫感も薄い。

間違えやすい似た生物

【カベアナタカラダニ】

花壇などの煉瓦の上、ベランダなどによく真っ赤で小さなダニがたくさんいることはないだろうか。真っ赤なので怖がる人も多いが、人に害は与えず、花粉を食べる大人しいダニ。噛むこともないのでほっておこう。

予防法

野山や草むらへ行く時は長袖、長ズボン、軍手や帽子などを着用し、肌の露出をさける。ジエチルトルアミドを含む防虫剤「DEET」を皮膚に塗っておく。ペルメトリンを含む防虫剤を衣服にかけておく。屋外活動後はシャワーや入浴時にマダニがついていないかチェックする。

処置法

噛まれたら早い除去を。ピンセットでそっと引き抜くとよいが、口器が残ったまま取り除くと危険なので、無理に除去せず、皮膚科などで処置を受けるとよい。数日体調に変化がないか様子を見て、発熱などの症状がある場合は医療機関へ。

見づらいが犬の耳の中に寄生している。こういう場所に付きやすいので、自然豊かな場所に連れて行った後はよく体をチェックしよう

たっぷり血を吸ったヤマトマダニの個体は元の数倍に膨らむ。ここまで大きくなると肉眼でも目立つため気付くが、取り外すのは一苦労だ。慣れない人は病院で外してもらおう。

ヒトスジシマカ

［一筋縞蚊］

ハエ目カ科（在来種）

遭遇度レベル ◆◆◆

生息エリア：本州、四国、九州、沖縄
大きさ：体長4.5㎜
見られる季節：夏〜秋
見られる場所：藪、墓地、市街地、公園、人家、小さな水たまりでも発生し、早朝、夕方に動きが活発化

危険度レベル C

蚊に刺されることで、病気がうつることがある。

症状	刺されると、痒みや腫れ、赤みなどの炎症を起こす。デング熱やジカ熱などの病気を媒介することがあり、デング熱に感染すると、頭痛、顔面紅潮、筋肉痛、倦怠感などとともに、高熱が続く。
毒の種類	毒性はないが、感染症を媒介する

ASIAN TIGER MOSQUITO

Aedes albopictus

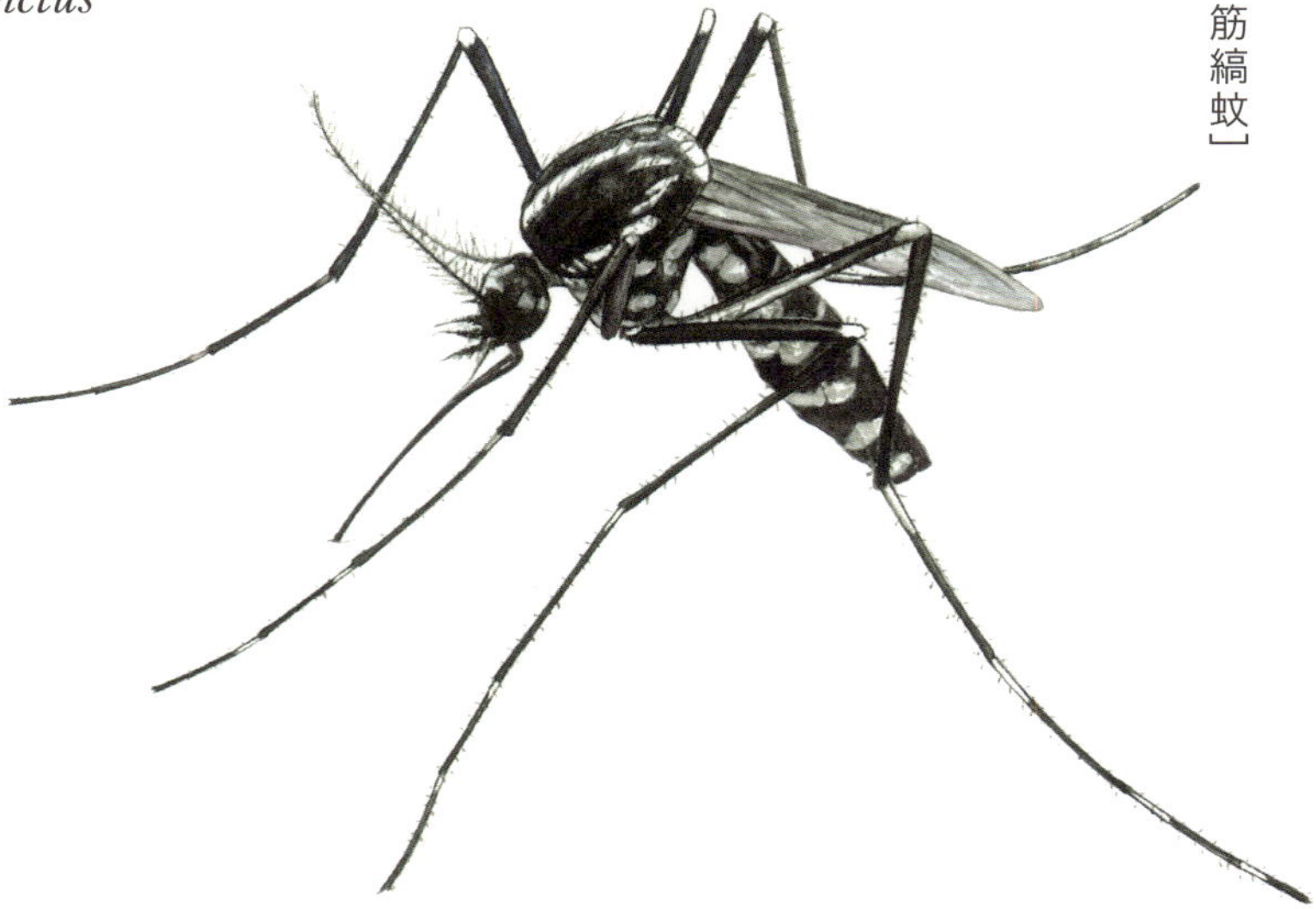

×

1

ヒトスジシマカに
刺された場合の痒さ
蚊×1

メスのみ血を吸い、感染症をうつす

ヤブカの仲間。マダニとは真逆で深い森の中にはほぼおらず、人のいる場所にこそたくさんいる。血を吸われた上に痒いなんて2度腹が立つが、洒落にならないのは重症化する病気を媒介するということだ。実は蚊の種類それぞれに媒介する病気が違う。ヒトスジシマカの場合はデング熱を、ハマダラカはマラリアを、コガタアカイエカは日本脳炎を媒介する。それは蚊を乗り物として使っている病原体の都合。悪いことだらけのような気もするが、蚊が血を気づかれずに吸う構造から、痛くない注射が開発されたのだとか。また次々に生まれるボウフラは水生昆虫や魚などのエサとして生態系を支えている。

間違えやすい似た生物

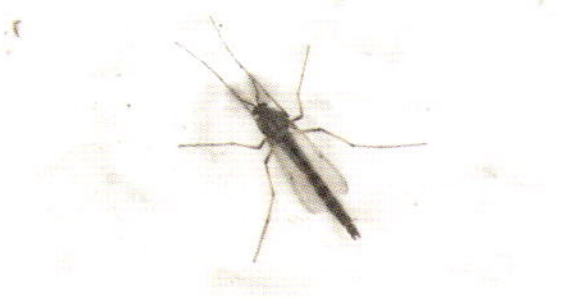

【ユスリカ】

蚊に似ているが人を刺すことはない。ユスリカの幼虫が発生するのは、ドブや川のある場所など。夏の終わり頃の日没時に蚊柱を作って、人について来たりする。

【ガガンボ】

よく夜の自動販売機のそばにいる大きな蚊のような虫。足が長くて大きいため気持ち悪がる人も多いが、人を刺したりはしない。

血を吸っている姿のアップ。皮膚に刺さっているが、刺された瞬間に気付く人はまずいない。刺しながら麻酔のようなものを出している。

写真はメスの生体。白い筋が特徴。実はオスは血を吸わない。フサフサとした大きな触角があるが、見たことはないだろう。人にはまったく近寄らず、花の蜜などを吸っている。

予防法

長袖、長ズボン等を着用し、肌の露出を少なくする。虫よけ剤や蚊とり線香を使用する。ボウフラのふ化させないよう、家の周りの水たまりをなくし、発生を防ぐ。

処置法

かきむしって皮膚を傷つけないように、患部になるべく触れず、自然に治るのを待つ。痒みが強い場合は虫刺され用の市販薬で対処する。デング熱の疑いがある場合はすぐに医療機関へ。

オオムカデ【大百足】

オオムカデ目オオムカデ科（在来種）

遭遇度レベル ◆◆◇

生息エリア：日本全国
大きさ：8〜20㎝程度
見られる季節：春〜晩秋、一部では冬も
見られる場所：朽木や雑木林の落ち葉の中、湿り気のあるところ、家の隙間、自然公園

危険度レベル C

顎で噛んで毒を注入する。

症状	噛まれると、激しい痛みと腫れ、痺れ、痒みなどが生じる。過去に噛まれたことがある場合はアナフィラキシーショックにより、嘔吐、頭痛、呼吸困難などを起こすことも。
毒の種類	セロトニン、ヒスタミン、タンパク毒など

GIANT CENTIPEDE

Scolopendra spp.

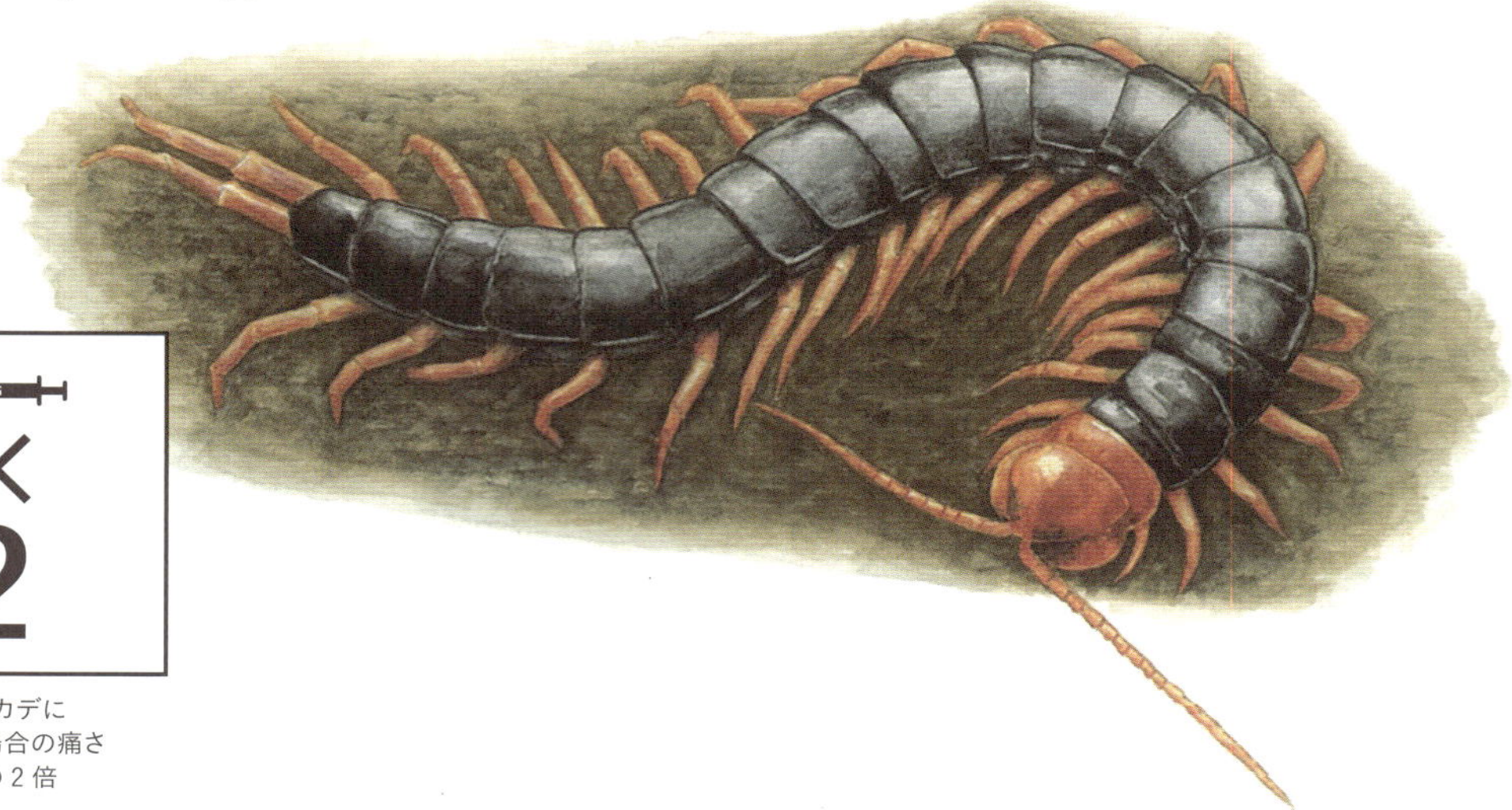

×2

オオムカデに
噛まれた場合の痛さ
注射の2倍

「百足」と書くが、足の数はもっと少ない

オオムカデとはオオムカデ科に属するムカデ全般のことを指す。日本でオオムカデ科に属するのはトビズムカデ、アカズムカデ、アオズムカデ。一般的に一番遭遇度が高いのはトビズムカデ。トビズは鳶色（とびいろ）から来ており、鮮やかな朱色の頭のものや、黄色ではなく真っ赤な脚のものもいて個体差が激しい。漢字でムカデのことを「百足」と書くが、オオムカデは21の体の節から一対ずつ脚が生えており、脚の数は42本。夜行性で夜に民家に入り込むことが多く、古い日本家屋などでは寝ている間に噛まれることも。通常は小動物などを毒で麻痺させ、食べている。メスは自分の体を丸めて卵を守る。

卵をふ化させた様子。しばらくお腹の下で卵を外敵やカビなどから守って、一度に50匹前後の子どもを生み出すこともある。子どもは小さな頃からムカデの形だ。

昆虫やカエル、小さな哺乳類などを捕獲してエサにする。いかにも毒々しい色味だが、個体によってもっと茶色いものや黄色の足のものもいる。

間違えやすい似た生物

【ヤスデ】

見た目は長いダンゴムシ。ムカデが体の節一つに対して左右1本ずつ脚が生えているのに対し、ヤスデは一つの節に左右2本ずつ脚が生えている。体液に触れると傷むことがある。

【ゲジ】

通称「ゲジゲジ」。見た目がかなりグロテスク。体よりも長い脚と触覚で、素早く走るのが特徴。人に害を与えるほどの毒は持っておらず、ゴキブリを捕食してくれることも。

予防法

オオムカデを家屋内に入れないこと。侵入経路に殺虫剤をまく。湿気がこもらないよう定期的に換気をし、部屋を清潔に保つ。

処置法

噛まれたらすぐに45度程度のお湯で毒を5分以上洗い流し、ステロイド系の軟膏等を塗布する。症状が重い場合は皮膚科へ。めまいや発熱がある場合は内科で治療を受ける。

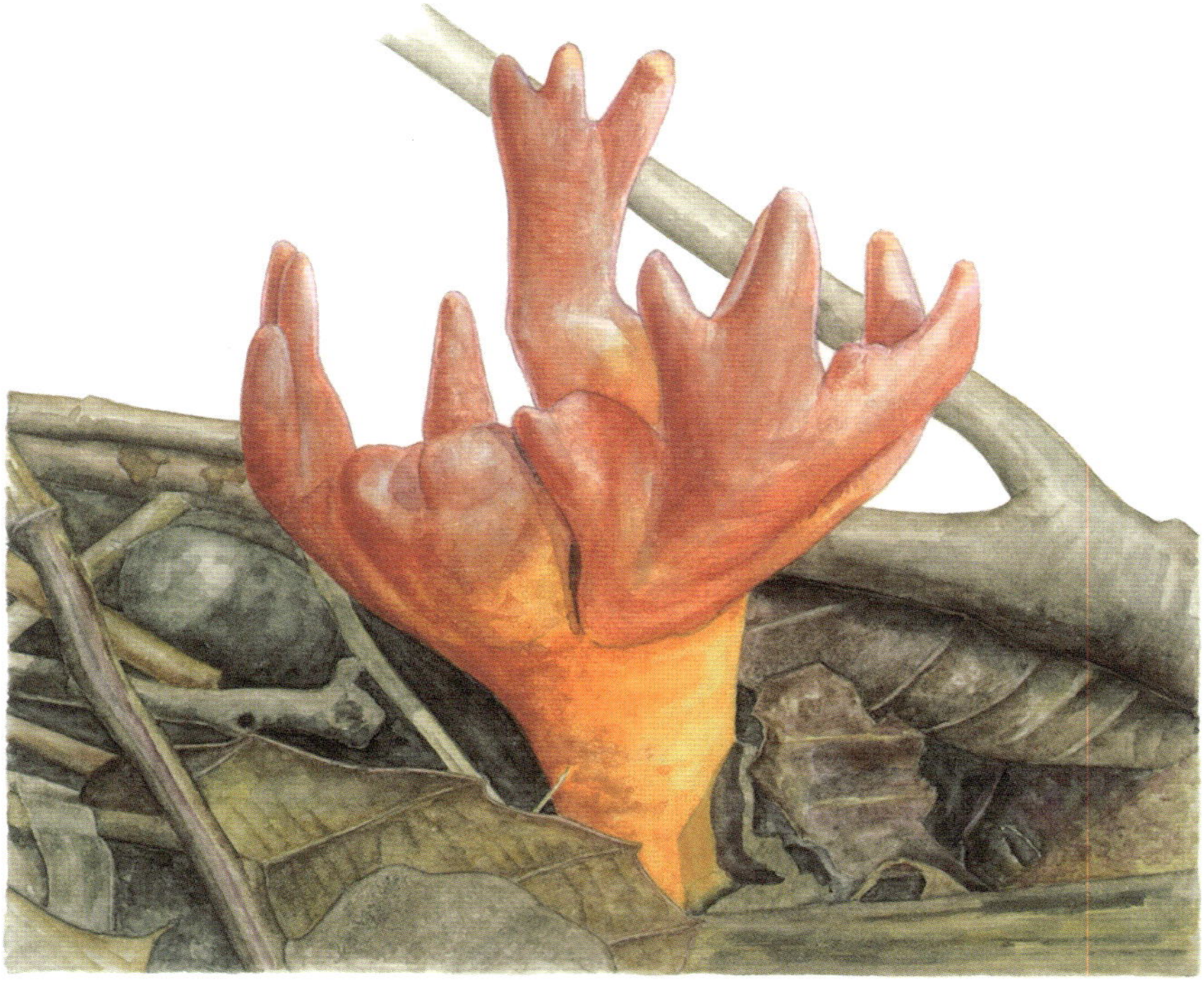

× 20000

カエンタケを1つ食べた場合
20000MU
LD50=50mg/kg

TRICHODERMA CORNU-DAMAE

Trichoderma cornu-damae

カエンタケ［火炎茸］

ボタンタケ目ボタンタケ科（在来種）

遭遇度レベル ◆◆◇

生息エリア：日本全土
大きさ：数cmから10cm
見られる季節：初夏〜秋
見られる場所：広葉樹林の地上、立ち枯れ木の根元や倒木のそば。寺院や公園、キャンプ場など

真っ赤に燃える炎のような猛毒キノコ

枯れ草や倒木など茶色の中に、突如現れる違和感たっぷりの真っ赤なキノコ。正直キノコであることさえ疑いたくなる。まるで地獄から手を伸ばしたような形に興味本位で触れると大変なことになる。

危険度レベル S

食べると3gで致死量と言われる。また触れただけで火傷したように皮膚がただれる。

症状	誤食すると短時間で腹痛、嘔吐、下痢、手足の痺れ、痙攣、呼吸不全、言語障害、腎機能障害など様々な症状が発生し、致死率も高い。また回復しても後遺症が残る場合がある。皮膚に触れるだけでも危険。
毒の種類	トリコテセン類、サトラトキシンH、およびそのエステル類

見つけても、絶対に触ってはいけない

キノコの種類は日本だけでも5千種類以上と言われ、キノコ専門の図鑑に出てくるのはほんの一部。その中で食べられるのは100種程度だ。だからこそキノコの区別は難しいと言われるが、カエンタケほど分かりやすい毒キノコはそうそうない。燃える炎のように赤く、到底食べる気にならない見た目だ。ベニナギナタタケと間違えて食べてしまった事故もあるが、そちらも真っ赤なキノコ。そういう意味では素人や子どもの方が誤食は避けられそうだ。普通、毒キノコは食べたら問題だが、触れたくらいでは問題がない。ただカエンタケの場合、触っただけで毒の影響を受ける例外的なキノコ。触れただけで皮膚がただれ、火傷のように傷む。万が一食べてしまった場合は、ひとかじりで死ぬ可能性も。仮に回復したとしても、小脳の萎縮による運動障害や言語障害、脱毛などの後遺症が残ると言われている。ミズナラ、ブナなどの枯れ木、倒木の傍らに生えることが多く、茶色の中に紅一点なので非常に目立つ。

赤サンゴのようにも見える形まで成長したカエンタケ。これでもサイズはせいぜい10cm 未満。特徴は先が3、4つに枝分かれして燃えている炎のように見える形。

生え初めは、土から赤いツブツブが見える感じ。キノコなので地表に見えているのはほんの一部。周囲にまとめて見つかることが多い。カエンタケは硬い肉質で、内部組織は白い。

間違えやすい似た生物

【ベニナギナタタケ】 細い棒状で長刀（ナギナタ）に似た形をしている。肉質はもろくて崩れやすく、ほとんど無味無臭。見た目に反して毒はないが、それほどおいしくもないので、カエンタケの誤食の危険をおかしてまで食べるものではない。

【ハナホウキタケ】 針葉樹の根元などに生えている、ホウキのような形のキノコ。サンゴのようにに枝分かれして成長する。下の方は白っぽく、先端は赤くなる毒キノコ。これも食べられる似た種があるが、素人は手を出さない方が無難だろう。

予防法

触れない、採らない、食べない。街中の公園などで見つけた場合は最寄りの保健所などに連絡を。

処置法

万が一、触った場合はすぐに石鹸と流水でしっかり手を洗う。また絶対に目をこすったりしない。誤食した場合はすぐに救急車を呼び、病院で適切な処置を行うこと。

カエンタケか似た種のベニナギナタタケか、外見の見た目からだけでは判断できない写真のような個体もある。似た種類で通報されるケースも多い。迷った場合は触らないこと。

FLY AGARIC

Amanita muscaria

× 60

ベニテングタケを１個食べた場合
60MU
LD50=83g/kg

ベニテングタケ［紅天狗茸］

ハラタケ目テングタケ科（在来種）

遭遇度レベル ◆◇◇

生息エリア：本州以北
大きさ：高さ6～15㎝、傘の大きさは10～20㎝ほど
見られる季節：夏～秋
見られる場所：標高が高い山の
シラカバなどの広葉樹林や針葉樹林

メルヘンの世界を感じる、幸運を呼ぶ毒キノコ

絵本などにもよく登場する、赤に白い水玉。
有名ゲームに出てくるキノコのキャラもこれがモチーフ。
ヨーロッパでは幸運を呼ぶキノコとして親しまれている。
確かに見た目は可愛いキノコだが、
間違っても食べようなんて思わずに。
別世界へトリップしてしまうかも。

危険度レベル C

食べると中毒を起こす。触れただけでは問題はない。

症状	誤食すると、腹痛、下痢、嘔吐、よだれ、興奮、幻覚、錯乱などを起こす。死亡例はまれ。
毒の種類	イボテン酸、ムッシモール、ムスカリンなど

妖精が作る輪
「フェアリーリング」の不思議

ベニテングタケは主にシラカバなどの木のそばに生える毒キノコ。キノコに詳しくない人は、まずこの赤いキノコを食べようとは思わないだろう。よく間違えられるのがタマゴタケ。素人的にはタマゴタケも食べたくはない見た目だが、実際はおいしいらしく、毎年タマゴタケと間違えてベニテングダケを食べてしまう事故が起こる。ちなみにキノコは地球上でもっとも大きな生物とも言われ、あるキノコの菌床は８９０万㎡に及び、重量は約６００ｔ、推定年齢は約２４００歳とも。地上に顔を出しているキノコは、氷山のほんの一角だ。ベニテングタケは輪のように広がって生える「フェアリーリング（妖精の輪）」を作ることがある。これを作るのはキノコの中でも60種ほどで、菌が地下で波紋のように広がり増える。西洋では妖精がこの輪を作り、その中で躍るという言い伝えも。もし山の中でフェアリーリングを見かけたら、その真ん中に立って、ちょっと踊ってみたいものだ。

成長度合いで見た目が変わる。ベニテングタケの肉は白色で味や匂いは特にない。同じ種類で傘の色が茶色の「テングタケ」の方が毒性が強いとも。

まだ生え立てのベニテングタケ。赤い傘にある白い点の部分は、下のツボ（根っこ部分）の破片。日本での死亡例はなく、死に至るのは稀。

間違えやすい似た生物

【ヒメベニテングタケ】

毒キノコ。オレンジから赤色の傘の部分にあまり斑点は見られず、放射状の溝線がある。柄にはつばがあり、下にいくほど太くなって根元が膨んでいる。

【タマゴタケ】

見た目は毒キノコのような、おいしいキノコ。カサの色は赤。最初は卵型で、成長すると平らな形に変形し、傘のふちに黄色い線が現れる。根元にはタマゴ型のツボがある。

予防法

専門家でも見極めの難しいキノコもあるので、基本、素人は山でキノコを採って食べない。実物を見た時は採らずに、毒キノコの特徴をよく覚えておく。

処置法

死ぬことは滅多にないが、胃の洗浄をした方が無難。食べてしまった場合は医療機関へ。

いかにも可愛い見た目なので子どもなら取りたくなるが、街中で見ることはなく、子どもが単独で拾って食べてしまうという心配はあまりない。じっくり親子で観察してみよう。

ツキヨタケを 10 個食べた場合
人× 1
マウス LD50=30mg/kg

MOONLIGHT MUSHROOM

Omphalotus guepiniformis

ツキヨタケ［月夜茸］

ハラタケ目ホウライタケ科（在来種）

遭遇度レベル ◆◆◇

生息エリア：北海道南部以南、九州まで
大きさ：10～30cmほど
見られる季節：夏～秋
見られる場所：ブナやカエデ科の枯れ木や倒木などに重なり合って群生

まるで異星人。謎多きミステリアスなキノコ

木の幹にズラリと張り付くキノコを見上げれば、クラゲのように光るキノコ。月夜のロマンティックな名前と裏腹に実は日本で一番中毒者を出している誤食ナンバーワンのキノコだ。

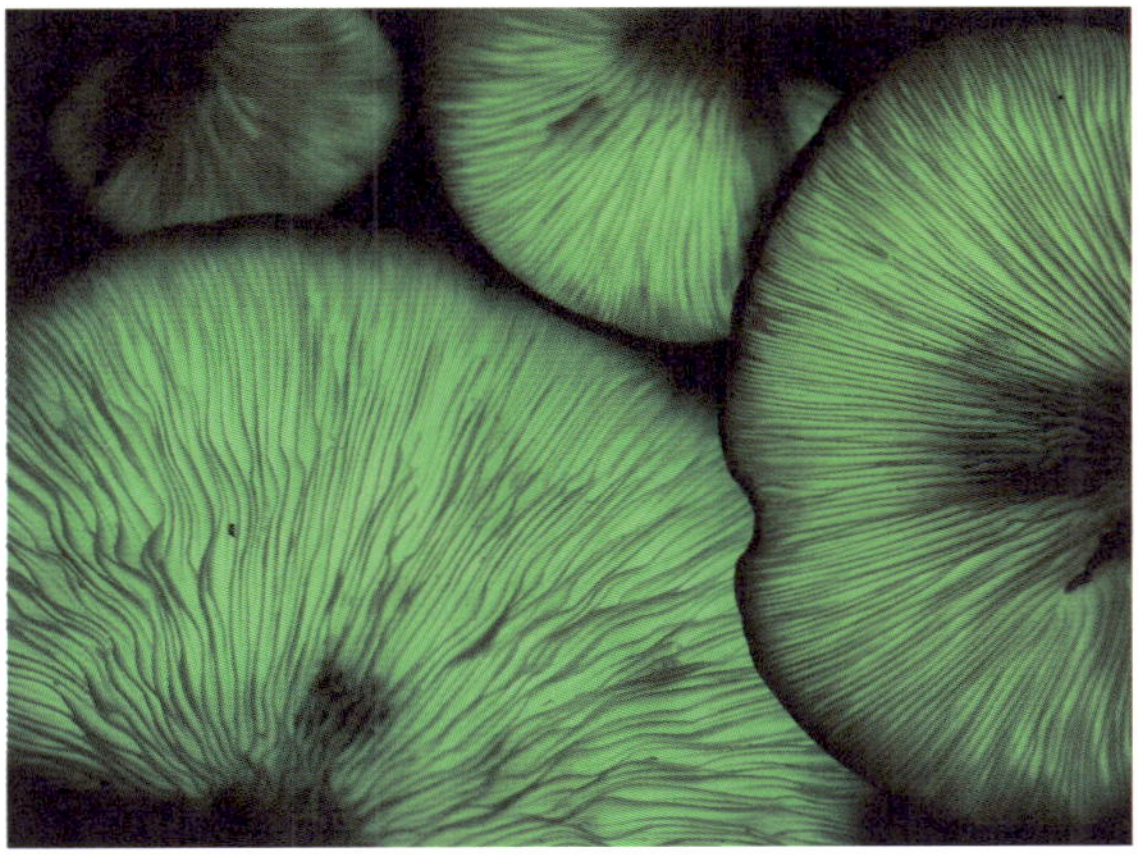

危険度レベル A

誤って食べることで中毒が起こる。

症状	誤食すると、嘔吐、下痢、腹痛を起こし、幻覚や痙攣を伴う場合も。翌日から10日程度で回復する。少ないが死亡例もある。
毒の種類	イルジンS、イルジンM、ネオイルジン

森の中で怪しげに光る緑の物体。その優れた戦略

ツキヨタケは自ら発光する成分を作り出すキノコ。地球上に光る生物は約10万種いると言われ、キノコではヤコウタケ、アミヒカリタケ、スズメタケなど。生物が発光する理由とすれば、海であればチョウチンアンコウのように魚を誘引し補食するためであったり、蛍のように仲間と通信するためだったりするが、何故キノコは光るのか。それは子孫繁栄のためだと考えられている。自ら動くことのできないキノコは胞子を飛ばして、仲間を増やす。軽い胞子は風で遠くまで飛んで行くが、風任せでは、どこに着地するか分からず、そこで育つかは分からない。ところが光れば多種多様な昆虫が集まってくる。キノコを食べた昆虫たちの体には胞子が付き、別の木の幹に飛んで行く。虫を呼ぶのは、高確率でいい場所を確保するためだ。キノコはさまざまな生物の食料として役立ち、菌で森の落ち葉などを分解する。豊かな森はキノコによって支えられている。

木の幹にビッシリ生える。この様子からシイタケなどと間違える人が多い。もっとも事故が多いのは、食べられる種類と似ていて、たくさん食べてしまうためだ。

茶色く、肉厚で、おいしそうに見えるツキヨタケ。昔の人が言う食べられるキノコの条件「茶色」「縦に割ける」「虫が食べる」などは迷信。毒があるかどうか簡単には判断できない。

間違えやすい似た生物

【ムキタケ】

食べられるおいしいキノコ。ツキヨタケは柄の肉に黒いしみがあるなどの点でムキタケと異なる。ムキタケの表面は滑らかで、ツキヨタケに見られる柄の肉部分に黒いシミが見られない。

【ヒラタケ】

昔はシメジとして売られていた食用とされるキノコ。ツキヨタケと同様の場所に生え、違いは肉に黒いシミがなく光らないこと。

【シイタケ】

おなじみの食用キノコ。ツキヨタケと同じ場所にも生えるが、違いは柄が長く、細め。肉に黒いシミもなく光らない。

予防法

類似したキノコが多いので、素人は採らない、食べない。

処置法

誤食した場合は吐き出し、医療機関で胃洗浄や活性炭の投与などを受ける。

別名「どくあかり」なんて呼ばれることもある。光るのは傘の裏側のひだの部分のみ。採取してしばらくすると、光らなくなる。

イチイの葉を5kg食べた場合
牛×1
LD50=19.7mg/kg

JAPANESE YEW

Taxus cuspidata

イチイ ［一位］

イチイ目イチイ科（常緑針葉樹／在来種）

遭遇度レベル ◆◆◆

生育エリア：沖縄をのぞく全国。庭木として栽培もされている
大きさ：数m〜約20mの高木
見られる季節：通年。3〜5月に開花し、10月頃に赤い実をつける
見られる場所：公園、家の生け垣、里山、山地

おいしそうな真っ赤な果実がなる木

秋に町を歩けば、住宅地でもたまに見かける赤い果実。ふっくらとこの甘くておいしそうな果実を、パクッと食べたことのある人もいるのでは？果実に毒はないけれど、タネは一粒でも危ない猛毒。それはタネを無傷で丸のみしてもらい、鳥に遠くまでタネを運んでもらうための戦略なのだ。

危険度レベル A

有毒部は種子、葉など。赤い仮種皮は食べられるが、種子には強烈な毒がある。わずか、3〜4粒で致死量。食べると大変だが、触れたくらいでは問題ない。

症状	誤食するとめまい、嘔吐、痙攣などを起こす。大量に摂取すると死に至ることも。死ぬ直前まで気づかないほど症状の進行が早い。
毒の種類	アルカロイドのタキシン

鉛筆や生け垣にも使われ、「一位」を与えられたほど優秀な木材

イチイの木はクリスマスリースのように細かい緑の葉と、赤い果実がなる常緑樹。森に自生するが、丈夫なため生け垣にも使われやすい。密度が詰まっている幹は工芸品や鉛筆の材として使用されたり、神社仏閣の建材に使われたりすることも。実はイチイの別名は「笏の木（しゃくのき）」。献上用の笏（しゃく）をこの木で作ったところ、上質な仕上がりから最高位の「一位」を授かったことから「イチイ」となったという。そんな名の由来から出世、開業などにもいい縁起木としても知られる。毒があるのは赤い果実の中にあるタネだけで、果肉は食べられる。うっかりタネを食べると危ないので人間にはおすすめできないが、野鳥などはよく食べている。タネに毒を持たすことで、鳥が丸のみし、別の場所で糞をした際、そこで芽を出す戦略だ。毒は大切なタネを守るための手段で、果肉はタネを運んでもらう鳥に与えるエサのようなものだ。

葉は長さ 2、3cm 程度の扁平な棒状で、先は尖っているが松の葉のように痛くない。手触りは柔らかく、びっしりと生える。パクリタキセルという抗がん剤の元にもなっている。

果実がつくのは 10 月頃。下に穴が開いており、そこから黒いタネが見える。別名で「アララギ」「オンコ」などとも呼ばれ、子どもの頃に果実を食べたことがある、という人もいる。

間違えやすい似た生物

【キャラボク】

イチイの仲間。パッと見た目はほぼ同じ。違いはイチイの葉がキレイに左右に整列しているのに対して、キャラボクの葉はねじれたりクネクネと乱れている。いずれにせよイチイ同様、タネに毒がある。

【カヤ】

葉の印象は似ているが、イチイよりも葉が硬く、先端が尖っていて、触ると痛い。神社などに生えている。果実は見た目もまったく異なり、楕円形で緑色。食用になる。

予防法

鳥が食べていても人間が食べても平気とは限らないことを覚える。道端の赤い実を食べないこと。間違えて食べてしまってもタネは吐き出すこと。

処置法

もしタネごと食べてしまったら、吐き戻させる。すぐさま病院に行き、胃洗浄などの処置を行う。

枝の感じはモミの木などにも少し似ている。山の斜面などに生えることがあり、赤い果実は子どもの興味をひく。開花は3～5月で、雄花は黄色い球形、雌花は緑色の楕円形。

イヌサフランの葉を数枚食べた場合
人× I
LD50=0.086mg/kg

AUTUMN CROCUS

Colchicum autumnale

イヌサフラン［犬泪夫藍］

ユリ目イヌサフラン科（多年草／外来種）

遭遇度レベル ◆◆◇

生育エリア：観賞用として日本各地で広く植えられる
大きさ：15〜30cm
見られる季節：春に葉が出はじめ、9月〜10月に花が咲く
見られる場所：花壇、公園、庭先、畑地など

庭先によく植えられている園芸種

秋にキレイな紫色の花を咲かせる。
全草に毒があるが、食べなければ触っても大丈夫。
名前からサフランと間違えて食べられるのかと思いきや、
間違えられるのは、なんと若芽の葉っぱの方。
炒め物などにしたり、
球根を玉ねぎと間違えて調理したりしないように。
防御は簡単。家庭菜園の近くには植えないことだ。

危険度レベル A

葉、茎、球根などに毒を持つ。新芽をギョウジャニンニクと間違えて食べてしまう死亡例の報告あり。葉10gで致死量。触れたくらいでは問題ない。

症状	誤食による食中毒を発生しやすい。嘔吐、下痢を起こし、呼吸麻痺や死に至ることも。
毒の種類	アルカロイドのコルヒチン

高級スパイス「サフラン」のイヌバージョン?

いきなり土の中から花だけ、にゅっと咲いている写真に違和感を覚える人も多いだろう。イヌサフランはヒガンバナなどと同様に、花と葉が別々の時期に生える植物。元々ヨーロッパ中南部や北アフリカ原産の植物で、日本では観賞用として持ち込まれた。春に葉が生え、球根に栄養をたっぷり蓄えて役目を終えた葉は枯れて、秋頃に開花する。名からして、サフランと間違われて事故になると思いきや、実はニンニクの芽と間違えて食べられるケースが多い。ちなみに「イヌ」とつく植物はイヌガラシ、イヌザンショウ、イヌタデ、イヌムギ、イヌナズナ、イヌニンジン、イヌビワなど意外と多い。いずれも人が食べたり愛でたりするものより劣る、または食べられない、役に立たないといった意味合いで「イヌ」と付けられている。家族の一員のように犬を可愛がり、与えるエサにもこだわる人が多い現代では、ちょっとその例えがピンとこないかもしれない。

花は淡い紫色ではかなげ。園芸では好まれる種で、よく花壇などでも植えられているのが見られる。球根から生えるため、花は毎年大体同じ場所に咲く。

葉が生えるのは春。6月頃に枯れる。一般人はあまりこれを食べようとは考えないが、ある意味で知識のある人が食べられる野菜と間違えて食べてしまうことがある。

間違えやすい似た生物

【ギョウジャニンニク】

新芽、若芽の状態だと、食用のギョウジャニンニク（写真左）とイヌサフラン（写真右）の葉はほとんど区別がつかない。子どもが葉を食べてしまうことは考えにくいので親が間違えて調理しないように注意すること。

【タマネギ】

球根を植えようと思って台所に置いていたのを、タマネギと誤って調理してしまう事例もある。左はタマネギ。右はイヌサフランの球根。

【サフラン】

花は似ているが、葉はまったく違う。サフランはアヤメ科クロッカス属。サフランの花のおしべは3本大きく垂れ下がっているのに対して、イヌサフランのおしべは6本。サフランのおしべは高級スパイスとして知られる。

予防法

花を楽しみたい場合は、収穫作物のエリアから離して植える。ただしギョウジャニンニクを育てている人は庭に植えない方が無難。また台所など家の中に球根を置かない。

処置法

すぐに症状が出なくても、強い毒性があるので、万が一食べてしまった場合はできるだけ早く病院に行き、胃洗浄や吸引を行う。

花びらは6枚。昔はユリ科としていただけあって、花の質感がユリに似ている。タネもつけるため、植えていない場所に広がることもある。

種を数十粒食べた場合に
人×1
LD50=1mg/kg

CORIARIACEAE

Coriaria japonica

ドクウツギ ［毒空木］

ウリ目ドクウツギ科（落葉低木／在来種）

遭遇度レベル ◆◆◇

生育エリア：北海道〜本州近畿地方
大きさ：草丈1〜1.5mほど
見られる季節：夏から秋
4〜5月に開花し、1cmほどの果実をつける
見られる場所：山、河川敷、水辺、里山、海岸のやや荒れた土地

別名「イチロベゴロシ」と呼ばれる毒の果実

たわわに実る、魅惑的な赤い毒の果実。ふっくらとした果実はおいしそうで、実際に食べると甘いため、子どもが食べてしまうことも。この毒は即効性があり、誤食した6人に1人が死んでいる。トリカブト、ドクゼリと並ぶ、日本三大有毒植物の一つだ。

危険度レベル S

主に果実の部分に毒がある。その果実を食べた場合に毒にかかる。

症状	誤食すると30分〜3時間以内にめまい、異常興奮、麻痺などを引き起こす。重症化すると全身麻痺、昏睡、死に至る。
毒の種類	セスキテルペンのツチン、コリアミルチンなど

植物が移動する大チャンス。食べられて大移動するために毒を持つ

大抵の毒生物は、割と分かりやすく毒々しい見た目をしているものだが、このドクウツギの果実はちょっと美味しそうに見える。ふっくらと柔らかそうに赤く熟れて、ちょうど手の届く場所にある。小さな鳥がついばむのを見て、思わず試してみたら、甘くておいしい。そんなふうに数粒食べているうちに、たちまち具合が悪くなり、麻痺、激しい痙攣などを起こす。こういった実を赤くする果実は、基本、食べてもらい、タネを遠くに運んでもらうという戦略をとっている。分かりやすく色を緑から赤に変えて「食べ頃ですよ」という合図を出している。

植物にとってこのような甘い果実を作るのはコストのかかること。だから体力を使ってせっかく作った大切なタネ入りの果実を無駄にしないため、食べてもらう相手を選びたい。例えば移動距離の長い鳥には効かないが、糞を外でしない人間には効いてしまう毒成分を作れば、鳥にだけ食べてもらえる。人間は他の動物同様、これは食べられない、と覚えるしかない。

葉は左右対称に 15 〜 18 枚並び、羽状に並ぶ。葉の形状は細長く、明瞭な３本の筋がある。

果実は緑から赤くなる、２色ディスプレイ。ただしこれは花弁が発達したもの。うっすら表面が白っぽく見える。さらに熟れると濃い紫色になる。

間違えやすい似た生物

【ウツギ】

名前が似ているだけで、ほとんど似ていないので見間違えることはないはず。花も果実もまったく異なるが、ただ枝の中が空洞という「空木（ウツギ）」の特徴のみ同じだ。

予防法

絶対に果実を食べない。特に子どもが手を出しやすい見た目のため、図鑑などで一緒に「毒だから危ない」と覚えておくのがいい。

処置法

万が一、この実を食べてしまった時は、しばらく様子を見る余裕はない。迷わず、すぐ救急車を呼ぶべきだ。緊急性を伝えるためにも「ドクウツギを食べた」ことも伝えよう。

ドクウツギ科は日本にはこの1種類のみ。他と比較のしようもないが、あまり花らしい花は咲かない。写真左の緑の方が雌花、右の枝にくっついているのが雄花。

WATER-HEMLOCK

Cicuta virosa

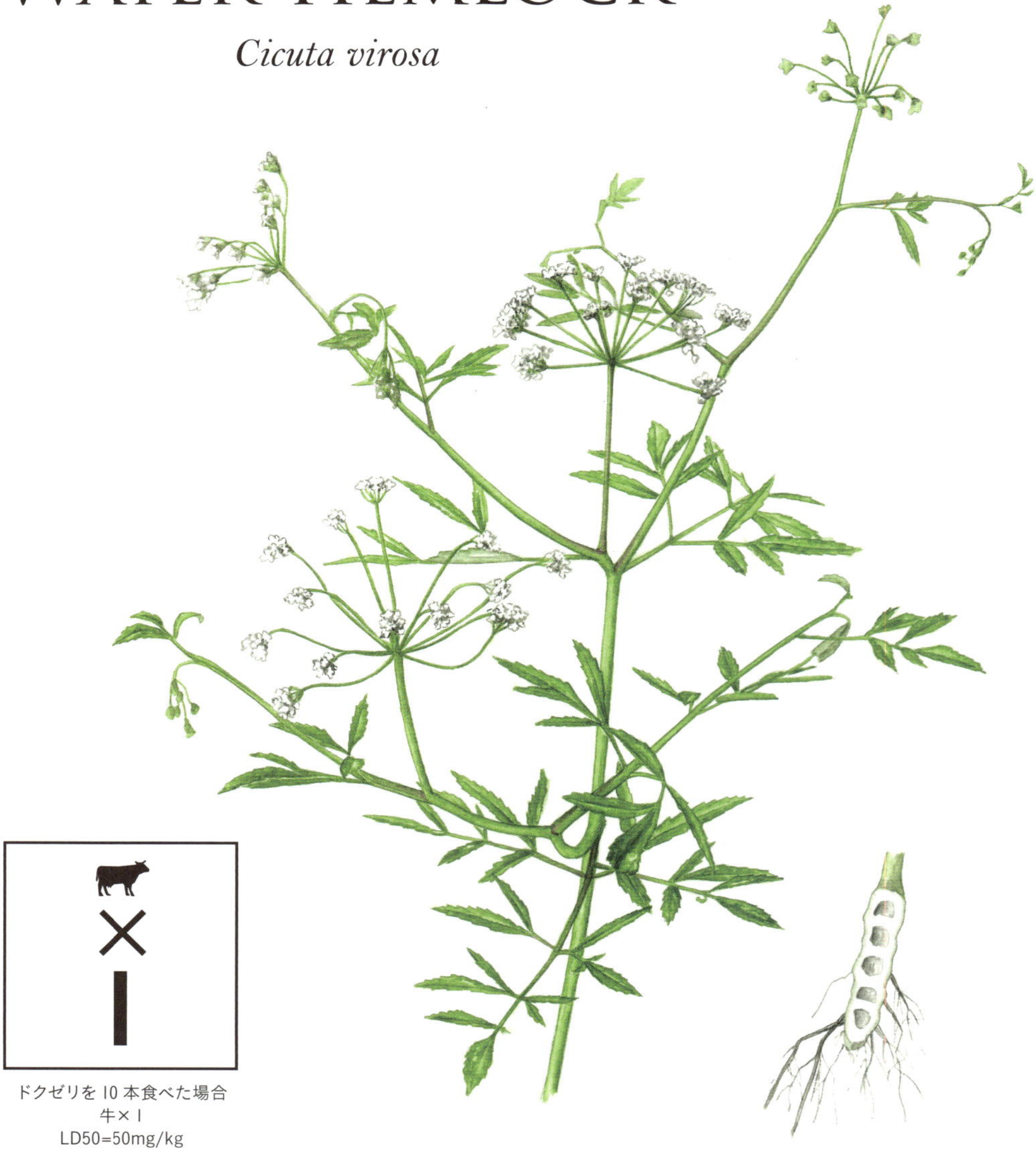

ドクゼリを10本食べた場合
牛×1
LD50=50mg/kg

ドクゼリ ［毒芹］

セリ目セリ科（多年草／在来種）

遭遇度レベル ◆◆◇

生育エリア：北海道、本州、四国、九州に広く分布
大きさ：草丈1〜1.3mほど
見られる季節：6〜8月に白色の小さな花を多数つける
見られる場所：水辺、湿地、小川、用水路などに群生

食べられる山菜とよく間違えられる

野山には食べられる山菜がある。
それを採るのは、ある意味で
「食べられる山菜の知識」がある人。
でもできれば、食べられない毒草との見分け方も
確実に覚えてほしい。
厄介なことに、ドクゼリは調理してから
他の人に振る舞われる事例が非常に多い毒草だ。

危険度レベル B

全草に毒があり、誤食すると症状が出る。稀に触れることによって皮膚から毒を吸収することも考えられる。

症状	誤食するとめまい、痙攣、流涎、嘔吐、頻脈、血圧上昇、呼吸困難などの症状が現れ、死に至る場合も。
毒の種類	ポリイン化合物のシクトキシン

ワサビと勘違いして、すりおろして振る舞った例もある

ドクゼリは、名の通り、セリの仲間で毒があるもの。死亡例こそ少ないが、事故件数に対して、誤食してしまう人数がとても多い。それは間違って料理が大勢に振る舞われたことを表す。そもそもセリを山で摘んで食べようと思うのは、かなり高齢者が多く、良かれと思って、みんなにおすそわけして被害が広がるパターンだ。ドクゼリ自体もかなりシャキシャキとしておいしそうな見た目だが、セリとは見た目で異なる部分もある。セリは春先の摘み頃は草丈10〜15cm位で横に広がって生えるのに対し、ドクゼリは芽だしから立ち上がり、大きな葉と長い葉柄で、花が生える頃には1mにもなる。セリは花が咲く頃でもせいぜい30cmどまり。またドクゼリの根元にはたけのこ状の太い地下茎があり、これをまたワサビと間違えて持ち帰る人もいる。ドクゼリに限らず、中途半端な知識で山菜に手を出すのは危険だと心得よう。

根だけ見ると外見は確かにワサビに似ているが、中を割ってみるとワサビは身が詰まっているのに対して、ドクゼリは空洞なのが特徴。またワサビとは決定的に葉や花の形が違う。

セリとドクゼリの見分け方は葉柄の長さと匂い。ドクゼリの葉柄は長く、成長すると草丈15cm以上になり、立ち上がる。地下茎には、短い節があり、節間が空洞。匂いもセリのような香りはない。

間違えやすい似た生物

【セリ】

セリは草丈15cm未満が多く、ロゼット状に寝て広がる。セリは春の七草粥の材料の一つ。特有の香りがあるので、食べられるセリの匂いを覚えておきたい。刻んでその他の野草と一緒にお粥に混ぜてしまうとドクセリでも気づきにくいので注意。

【ワサビ】 ワサビはアブラナ科で、セリとはまったく異なる種。葉や花の形状も違いが明確。危ないのは地上部の葉が枯れてしまった時。自生ワサビはセリ科と同じような場所に生えているので、疑わしい場合は中を割って空洞ではないか調べよう。

予防法

絶対の自信が持てないものを採らない、食べない。セリもワサビも道の駅で買うなりできるので、危険な賭けはやめる。また自信があっても、万が一のために野山で取ったものを人に配らない。

処置法

摂取してから発症するまでの時間が短いので、食べてしまったらただちに病院へ。呼吸対策としては、気道確保、人工呼吸など。

花はセリもドクセリもよく似ており、見分けがつきにくい。小さな花が集まって、ニンジンのような花を咲かせる。

JAPANESE STAR ANISE

Illicium anisatum

シキミの実を60粒食べた場合
人×1
LD50=1mg/kg

シキミ［樒］

アウストロバイレヤ目マツブサ科（常緑小高木／在来種）

遭遇度レベル ◆◆◇

生育エリア：本州中部以南〜沖縄諸島北部
大きさ：高さ約10m
見られる季節：通年
　4月に開花、秋に薄緑で星型の果実をつける
見られる場所：公園、山地、神社、墓地

落ちていたら、つい拾って持ち帰りたくなる形の果実

「悪しき実」と呼ばれる、猛毒の果実。
スターアニスにそっくりな果実は、間違えて大量に食べれば、絶命することもある。
香り豊かで、線香の材料にもなり、墓地や寺院などにも植えられる。

危険度レベル A

全株に毒があるが、特に果実（タネ）に強い毒を持つ。食べると危ないが、触った程度では特に問題はない。

症状	誤食すると2〜4時間で嘔吐、痙攣、発作などの神経障害症状を起こす。死にいたることもある。
毒の種類	神経毒アニサチン。乾燥果実には1kgあたり1mgの高濃度で毒が含まれている。

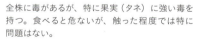

日本で唯一、劇物として法規制を受ける植物

シキミの果実は中華料理によく使われるスパイス「八角（別名スターアニス）」にそっくり。実際、両者はとても近い種であり、香辛料に使われるのはトウシキミの果実。トウシキミの果実の成分を使ってタミフルが作られたりする。そもそもスパイスやハーブなど、健康にいいとされるものや漢方に使われるものは、裏返せば毒成分があるともいえる。シキミはその毒が強すぎるため、スパイスとして使うことはできないが、スターアニス同様の香り、風味があるため、ある意味で知識のある人ほど「食べても大丈夫」と誤解しやすい。シキミは墓地や寺院などに植えられており、昔は棺桶の中によく入れられており、遺体の匂い消しにも使われたのではと言われている。乾燥した果実が落ちていれば、大人でも子どもでも思わず拾ってしまう星形の形。しかし実は持っているだけで違法になってしまう「毒物及び劇物取締法」の法規制を受ける植物だ。

シキミの果実は2～3cm 程度の八角形で、9～10月頃に黄緑色のうちに熟して、光沢のある茶色のタネを出す。

8つのタネが入った果実。乾燥したシキミの果実は香辛料のスターアニスにとても似ている。

間違えやすい似た生物

【トウシキミ】

写真は香辛料に使われるスターアニス。シキミの果実との違いを見極めることは難しいが、あえていうなら先が刺のように跳ね上がっているのがシキミ。割とまっすぐなのがスターアニス。花はピンク色がかっている。

【ツルシキミ】 花や果実が愛らしいので好まれるツルシキミも実は有毒。ミカン科のツルシキミは葉の質感は似ているが、シキミとは花や果実がまったく異なるので区別できる。

予防法

持ち帰ってしまうとスターアニスと間違えて誤食事故を起こしやすいので、持って帰らないこと。

処置法

間違えて食べてしまった場合は病院へ行って、胃を洗浄すること。

3〜4月頃に白い花を咲かせる。花びらは細く、ヒョロヒョロとして項垂れている印象。香りもする。葉はミカンの葉のように、しっかりと固め。

トウゴマの種８粒を食べた場合
人×1
LD50=0.03mg/kg

Castor Oil Plant

Ricinus communis

トウゴマ［唐胡麻］

キントラノオ目トウダイグサ科（多年草／外来種）

遭遇度レベル ◆◆◇

生育エリア：日本の比較的暖かい地域
大きさ：高さ2ｍほど
見られる季節：7月～10月に開花し、トゲ状突起のある果実をつける
見られる場所：市街地の公園、空き地、河原など
観賞用や工芸用にも栽培

意外と身近に潜む、要注意の猛毒植物

アフリカ原産の外来種で、今では国内の温暖な地域に定着した植物。学名で「ダニ」の意味を持つ、ガラのあるタネにはわずか8粒で致死量に当たる猛毒が含まれる。反面で、そんな猛毒のタネから作られたひまし油はエイジングケアの救世主として女性に人気だ。

危険度レベル A

種子に毒がある。種子を食べた場合、種子に長く触れている場合などに注意。

症状	誤食すると嘔吐、下痢、幻覚、痙攣などを起こす。摂取量が多いと死にいたる場合も。
毒の種類	タンパク質のリシンやアルカロイドのリシニン。タンパク毒は加熱すると無毒化できる。

化学兵器の条約で
国際的に規制されているタネ

大きく広がった葉と、特徴的なガラのあるタネが特徴。トウゴマのタネからは化学兵器としてテロでも使われるリシンという猛毒が含まれている。この毒にかかると細胞がじわじわと壊れ、発熱、咳、息苦しさなどの後に、気道や肺などに障害を持つことがある。安価で作れる化学兵器のもとになるということで、トウゴマのタネを持つことは国際的に規制されている。「そんな危ないものが近くに?」と驚くかもしれないが、意外と植物の中には猛毒成分を持つものが多い。植物が自ら飛びかかって襲ってくることはなく、要は人間の知識と使い方次第。不要に知らないものを食べなければいいだけだ。特徴的なガラなので、子どもと一緒に覚えて、絶対に食べたりしないように教えたい。トウゴマのタネの油を精製して毒抜きをした「ひまし油」は昔から下剤として使われているが、妊婦は使用不可。最近では腰痛、顔のパックなどにもひまし油が使われている。

若い果実には長いトゲがたくさん生えている。見た目はオオオナモミにも似ている。中には3粒のタネが入っている。茎は赤い。

葉は大きく、手のひらのような形。昔はひまし油を採取する目的で持ち込まれ、近年では庭のカラーリーフとして園芸用に持ち込まれた赤い種類が逃げ出して自生している。

間違えやすい似た生物

【オオオナモミ】

ひっつき虫と呼ばれる雑草。昔から日本にあったオナモミは少なくなり、この外来種のオオオナモミに占領された。日本の侵略的外来種ワースト 100 に指定されている。果実の形状や雰囲気はなんとなくトウゴマとも似ているが、葉の形はトウゴマの葉の方が切れ込みが深く、果実にも模様はない。

予防法

葉など特徴的なので覚えさせてトウゴマには近寄らない。タネを絶対に食べない。タネを触らない。

処置法

食べてしまった場合は病院へ行き、胃を洗浄する。

赤くない色のトウゴマもある

花は目立たないが、房状になる

タネはまるでマダニのような見た目。硬く丈夫なタネのため、ネックレスなどにして首に巻いていた人が中毒を起こしたという事例もある。

ACONITE MONKSHOOD

Aconitum spp.

×

1000

トリカブトの根をかじった場合
1000MU
LD_{50}=1.5mg/kg

トリカブト［鳥兜］

キンポウゲ目キンポウゲ科（多年草／在来種）

遭遇度レベル ◆◇◇

生育エリア：おもに本州中部以北の山中
大きさ：60㎝～2m
見られる季節：8～11月に花を咲かせる
見られる場所：比較的寒い山中の草地や渓流のヤブ

地球上、屈指の猛毒植物

あまり毒生物に詳しくなくても、
毒のある植物としてトリカブトを知る人は多い。
実際、世界最強とも言われる
植物界屈指の毒の強さを持つ。
反面で、山に登れば割と簡単に遭遇するが、
市街地で見ることは考えにくいので、
子どもが誤食する危険性は少ないだろう。

危険度レベル A

全草に毒があり、特に根の部分の毒が強い。食べることで毒は作用するが、触れた程度では中毒にはならない。

症状	誤食すると、口唇や舌のしびれにはじまり、手足のしびれ、嘔吐、下痢、痙攣、麻痺、呼吸不全などを起こし、死亡することもある。
毒の種類	アルカロイドのアコニチン、メサコニチン、アコニン

日本はトリカブト天国。約30種が存在する

ほんのひと齧りでも死ぬ危険性のある猛毒植物。トリカブトはグループ名。正確にはハナトリカブト、エゾトリカブト、ヤマトトリカブトなど30種ほどが日本で確認されているが、そのいずれも毒を持っているので、ここではまとめてトリカブト属の特徴などを紹介したい。トリカブトを見分けるには、やはり葉と花だ。葉は手のひらのように深く切れ込み、それをニリンソウやセリと間違って食べてしまう事故が多い。名前のトリカブトはかぶり物の「烏兜」に似ていたことから名付けられた。濃い紫色で、まれに白や薄い黄色の花もあるが、いずれも烏帽子のような形が特徴だ。むしろこの花がついてさえいれば、間違えることはないだろう。漢方では根から鎮痛剤や抗リューマチ、強心剤に使われることがあるが、素人は絶対に手を出してはならない。近年、生態系が崩れた関係で山にシカが増えているが、シカはトリカブトを避けて周囲の他の植物を食べるため、トリカブトが増加傾向にある。

木や石の根本など、シカがいるような山の中に自生している。根はイモ型で毎年同じ場所でも生えるが、種でも増えるため周囲に拡大していく。

大きく2mまで伸びるものから、60cm程度のものまでさまざま。花は特徴的な形をしており、帽子のような形状なので一度見れば忘れない。マルハナバチの好む紫色の花が多い。

間違えやすい似た生物

ニリンソウの葉の中にトリカブトが混ざった写真。

【ニリンソウ】 同じキンポウゲ科の多年草で、春山を代表する花。「二輪草」と書くように、花が２つ同じ場所から生える（まれに1輪、３輪のものもある）。花自体はトリカブトとはまったく似ていないが、葉だけ比べるとほとんど同じように見える。茎が立つのがトリカブトなど微妙な違いはあるが、新芽の頃は葉だけではほぼ違いが分からない。その上、ニリンソウの間に混ざってトリカブトが生えることもある。もしどうしてもニリンソウを食べたい場合は、花がついているもののみにしよう。

左がニリンソウ、右がトリカブトの葉。花がない状態ではほぼ見分けがつかない。

予防法

食べない。他の山菜と間違えやすいので有識者の判断を仰ぐ。触った場合はしっかり手を洗う。

処置法

万が一食べてしまった場合はただちに吐き出し、医療機関に連絡。胃洗浄を行う。

種によって切れ込みの入り方は多少異なるが、いずれも葉には筋のような模様が入り、3～5つに避けた手のひら型。

バイケイソウの葉を180g食べた場合
牛×１
LD50=0.4mg/kg

WHITE FALSE HELLEBORE

Veratrum album subsp. *oxysepalum*

バイケイソウ［梅蕙草］

ユリ目シュロソウ科（多年草／在来種）

遭遇度レベル ◆◆◇

生育エリア：中部地方以北の山中
大きさ：60〜150㎝
見られる季節：春に芽吹き、6〜8月に花をつける
見られる場所：山地や高山、林内の湿った草地

見た目にインパクトのある、山野草の親玉

登山者に愛されている、美しい植物。枯れ草の間からスッと生える美しい葉のシルエット。早春の山に一面に生える、涼しげな印象で思わず被写体に収めたくなる見栄えの良さだが、毎年事故例が出る毒草のボスキャラ的存在だ。

危険度レベル A

全草に毒があり、加熱しても毒が壊れず、ギョウジャニンニクや山菜のオオバギボウシなどと間違って食べることで中毒が起こる。触る程度では問題はない。

症状	誤食すると30分ほどで嘔吐、下痢、目まいに襲われ、血圧降下、意識混濁などを起こし、死に至ることもある。
毒の種類	アルカロイドのジェルビン、ベラトラミン、プロトベラトリン

長野では「はえどくそう」とも呼ばれる有名な毒草

一面枯れた野山の茶色の世界に、スッと伸びた美しい形の緑の葉。このバイケイソウを見ると、春の訪れを感じる、という登山者も多く、また絵映えすることから写真の被写体にもなりやすい。夏になると辺り一面を埋め尽くし、夏に真っ白な花を咲かす。高山の多い長野では昔から「はえどくそう」「はえころし」「はえのどく」などとも呼ばれているそうだ。こんな頑丈そうな葉を間違って食べる人なんているのかと思えば、実に見た目そっくりな「オオバギボウシ」という山菜がある。大抵はそれと間違えて食べるケースだ。山菜を好んで食べる子どもはあまりいないので、子どもの誤食についてはあまり心配しなくても良さそうだが、ほぼ毎年のように誤食が報告されている。バイケイソウはオオバギボウシと一緒に生えていることがあるため注意が必要。違いは葉脈の出方と、地面からの生え方。味もバイケイソウは苦いので「おかしい」と思ったらすぐに吐き出そう。

一番間違えられるのが芽生えの季節。特徴は茎のようにも見える葉柄（ようへい）がなく、いきなり葉身（ようしん）が生えている。

太く直立した楕円形の大きな葉で、葉脈が平行にまっすぐ伸びる。緑は濃く、葉はしっかりとした硬さがある。

間違えやすい似た生物

【オオバギボウシ】

花が咲いている夏は違いが一目瞭然だが、新芽の際に間違いやすい。山菜として食べられるオオバギボウシ（写真上２枚）は地面から葉柄（ようへい）と葉身（ようしん）が出ているが、バイケイソウの葉（写真上から３番目）は、いきなり地面から生えたような印象。またオオバギボウシの芽は葉が巻いているが、バイケイソウの芽は葉が折り畳まれている。味にも違いがあり、バイケイソウは苦いが、オオバギボウシの若葉には苦味はない。

【コバケイソウ】

コバケイソウは名の通り、少し小型で、花序が大きく目立ち、群生して咲いていることが多い。バイケイソウ同様有毒。

予防法

他の山菜と間違えやすく、毎年のように中毒が発生しているので、食べない。有識者の判断を仰ぐ。

処置法

緑茶や多量の水で毒性をうすめ、胃の中のものを吐き出し、すみやかに医療機関へ。

花は初夏に咲く。白く美しいが、コバケイソウよりも、長い花序（花の集り）をつける。

×
2

ウルシの葉に触れた場合の痒さ
蚊の２倍

LACQUER TREE

Toxicodendron vernicifluum

ウルシ ［漆］

ムクロジ目ウルシ科（落葉高木／在来種）

遭遇度レベル ◆◆◆

生育エリア：日本ほぼ全域
大きさ：高さ7～10m
見られる季節：通年。6月頃に花をつけ、秋には紅葉する。
見られる場所：里山、野山、自然公園

触れるだけでかぶれる植物の代表

自然豊かな野山を歩いている時、
ふと気づけば肌が赤く腫れていて痒くてたまらない。
そんな時は大抵ウルシか、アブ、ヒルなどの仕業。
大抵の植物は食べなければ大丈夫という中で、
触れただけでアレルギー反応を起こす厄介者。
反面で、昔から日本人の暮らしに役立ってきた。

危険度レベル C

樹液や葉に痒みやかぶれを発症させる毒を持つ。

症状	樹液や葉が皮膚につくと、強い炎症、かぶれを起こす。ただし人によって症状がまったく出ない人も。死ぬほどの毒はないが、アレルギー症状の酷い人では呼吸困難になる場合も稀にある。
毒の種類	ウルシオール。人によっては近くを通っただけ、燃やした空気を吸っただけでアレルギー反応を起こす人もいる。

体質で大丈夫な人も。マンゴーで痒くなる人は要注意

ウルシと言えば、お椀などの漆器に使われている木。昔は中国やインドなどに生えていた高原地帯の落葉樹で、漆器の産地で栽培されていたが、野生化して野山に定着した。漆器を触ってかぶれることはないが、生の樹液や葉などに触れることで、皮膚がかぶれる症状が出る。ウルシは陽が当たる明るい斜面に生えることが多いため、野山に遊びに出かけた際に、知らないうちに触れてしまうことも多い。そもそもウルシの木がどんなものか見たことがないという人もいるが、実はかなりの頻度でウルシを見ているはずだ。若葉も紅葉も美しく、葉の形などに特徴がある。まず葉の並びが羽状にズラリと左右に並ぶ。その葉の先は少し尖っていて、枝の部分が赤いことが多い。山にはどこにでも生えているが、服装に気をつけるだけで避けることができる。ちなみにマンゴーもウルシ科なので、マンゴーを食べて口がピリピリする人はウルシにかぶれやすい可能性があると覚えておこう。

5～6月頃には10cm以上になる房状の黄緑色の小さな花を咲かす。花びらは5枚。

ウルシの葉は左右対称になって並び、枝は放射状に広がる。葉の先が少しだけ尖って、葉脈はキレイに透けて見える。

間違えやすい似た生物

【ヤマウルシ】

葉は羽根状になり、5〜8枚が対になっている。葉の先がギザギザしている。ウルシ同様かぶれる。

【ハゼノキ】

葉は羽根状に左右対称に付くが、葉っぱが細長く、ギザギザしていない。ウルシ同様かぶれる。

【ツタウルシ】

木に巻き付く。葉はツタに似ていて、３枚の小葉が１セットになっている。写真上のツタウルシはかぶれるが、写真下のツタは無毒。ツタはギザギザしていて３つに分かれず１枚の葉。

予防法

野山に行く時には、長袖、長ズボン、ツバのある帽子を着用すること。首にタオルをまくなど弱い部分を隠す。また素手でウルシに触らない。かぶれやすい人はかぶれ防止用のローションやクリームを塗る。

処置法

患部を洗い、ぬるま湯で流す。接触時に着ていた衣服を全て洗う。発疹をかいたり、水疱を破ったりしないようにする。呼吸困難などで症状が重い場合は病院へ。

枝を切った際に出る樹液は乳白色で、乾燥してくると黒色に変わる。樹液は葉をちぎっても出る。

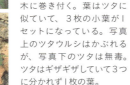

スズラン【鈴蘭】

キジカクシ目キジカクシ科（多年草／在来種）

遭遇度レベル ◆◆◆

生育エリア：本州中部以北、東北、北海道
大きさ：草丈15～35cm
見られる季節：通年。4～5月に白色の花が鈴を重ねたように咲く。
冬は休眠する
見られる場所：公園、野山、民家の庭など

LILY OF THE VALLEY

Convallaria keiskei

×1

スズランの葉を10枚食べた場合
牛×1
LD50=0.3mg/kg

危険度レベル B

全草に毒あり。特に花と根の部分に強い毒を持つ。ギョウジャニンニクと間違えて食べる事故が多い。

症状	頭痛、めまい、嘔吐、心不全など。重症化すると死に至る場合も。
毒の種類	コンバラトキシン、コンバラマソンなど

可憐な見た目で、世界中で愛されている花

スズランは春の訪れを知らせる花。フランスでは花嫁に贈る花としてブーケにされ、「聖母マリアの花」とされている。香りもよく、フレグランスの材料として使われることも。また「君影草（きみかげそう）」、「谷間の姫百合（たにまのひめゆり）」といったロマンチックな別名もある。そんないい印象のスズランだが、スズランを生けた花瓶の水を子どもが飲んで中毒を起こした事例がある。またギョウジャニンニクと間違えて食べた人も。どうして庭で一緒に育てるのかとも不思議に思うが、昔は薬として使われていたこともあり、またそもそもスズランに毒があることを知らない人もまだまだ多い。この手の葉っぱは要注意と覚えておこう。

花の形が鈴のような形で、下向きに咲く。葉は119Pでも出てきたギョウジャニンニクと間違える事故例が多い。

スズランは球根で毎年同じ場所に生えるが、タネでも増える。そのためじわじわと領土を広げて行く。果実は赤くなり、これも誤食の原因になりやすい。

間違えやすい似た生物

【スノーフレーク】

スズランに似た白い花をつける。花は垂れ下がり、花びらの先には緑色の斑点がある。葉はスイセンのよう。この花もスイセンも有毒と覚えておこう。

【カラー】

花の形などはまったく違うが、葉の雰囲気とイメージが似ているものとして、ブーケによく使われるカラーも毒草。こちらも生けた水などを誤って飲まないように気をつけたい。

予防法

家庭菜園の傍にスズランを植えない。自生もあるが、花壇などに植えられることも多い。花が可愛いので、小さな子にも注意を促しておきたい。子どもだからと「全部ダメ」と大雑把に教えるのではなく、実物を見せて教えるようにしたい。

処置法

万が一、口に入れてしまった場合はすぐに病院に行って、胃を洗浄する。

ヨウシュヤマゴボウ

［洋種山牛蒡］

ナデシコ目ヤマゴボウ科（多年草／外来種）

遭遇度レベル ◆◆◆

生育エリア：北海道から九州
大きさ：高さ1～2m
見られる季節：夏から秋にかけて
　紅紫色の果実をつける
見られる場所：市街地、山地、あれ地、道ばた

危険度レベル B

果実と根の部分に毒がある。誤って食べた場合のみ危ないとされる。加熱すると毒が分解される。

症状	誤食すると、腹痛、嘔吐、下痢、痙攣、意識障害を起こし、重症化すると稀に死亡する場合も。汁で皮膚がかぶれる場合もある。
毒の種類	フィトラッカトキシン

ヨウシュヤマゴボウの実を
生で一房食べた場合
人×1
LD50=3mg/kg

POKEWEED

Phytolacca americana

道ばたや公園の脇などで、よく見かける

子どもの方が「見たことある！」と言うかもしれない。そのくらい道ばた、空き地、公園など身近な場所に生えている。いかにも子どもが触りたくなる房状の果実。果実を潰すとキレイな赤紫に染まるため、インクベリーとも呼ばれる。子どもがおままごとなどに使うことがあるので要注意だ。紫～赤い茎と、ちょっと変わった果実が特徴。元は北アメリカ原産の植物で、輸入穀物や堆肥の中に混ざり込んだものが野生化したと言われている。果実の頃になると野鳥が実を食べ、タネごと丸のみしてタネを運ぶため群生しない。またアザミの根を「ヤマゴボウ」と言って売られている商品もあるが、それとはまったく別物だと覚えておこう。

花びらのように見えるのはガクである。果実は緑色から紫色に熟す。

葉は緑色だが、茎は赤紫色、果実は紫。背丈は大きくなるが、木ではなく、あくまでも草。一度見れば忘れない個性的な見た目だ。

間違えやすい似た生物

【マルミノヤマゴボウ】

関東から西に自生する多年草。花は淡い黄色で、果実は筋が入らず、丸い実になることから丸いヤマゴボウという意味で名付けられた。根が利尿などに使われることもあるが、こちらも有毒。実や根は食べないように。

【モリアザミ】

花や葉などまったく似ていないが、モリアザミの根と間違えてヨウシュヤマゴボウの根を食べて中毒になる人がいる。

予防法

幼児がいる家庭の庭などに生えた場合は刈り取る。幼児になれば、むしろ実を見せて、しっかり覚えさせれば、特徴的なので誤飲を防げる。色水や草木染に使う場合は、大人が付き添って加熱したものを使うこと。

処置法

万が一食べてしまった場合は、すぐに吐き出して医療機関へ。

POISONOUS CREATURE
COLUMN

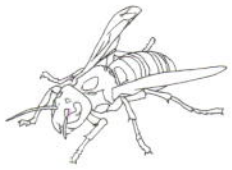

他にもまだある
注意したい身近な毒生物

まだまだ本編で紹介しきれなかった毒生物たち。ここで紹介するものも出会う可能性があるので、特徴を覚え、出会った時の予防法を覚えておこう。

アンドンクラゲ

体長3cm
海・北海道以南
刺す毒

夏場に海水浴場などに大量発生することがある。毒性が強く、触れるだけでミミズ腫れになる。特徴は４本の触手。透明で避けるのが難しいがウェットスーツなどである程度防げる。

ウミケムシ

体長10cm
海・本州中部以南
刺す毒

名の通り、海の中にいる毛虫のようなもので、たくさんトゲが刺さり、痛みと痒みに襲われる。砂地の海底に多く生息し、昼間は砂の中に潜って頭だけ出していることも。触れないこと。

ラッパウニ

体長10cm
海・房総半島以南
刺す毒

一見するとウニに見えず、貝がくっついた石のように見える。ラッパ状の構造が表面の全体を覆う。触れるとラッパ部分が閉じるように刺す。毒が強力なので病院へ。予防は触れないこと。

ミノカサゴ

体長25cm
海・駿河湾以南
刺す毒

美しく長いヒレをたなびかせて優雅に泳ぐ海の貴婦人。背ビレ、腹ビレ、尾ビレに毒トゲを持ち、刺されると激しい痛みに教われる。写真は威嚇のポーズ。この時に近づくと刺してくる。

マツカレハ

体長5cm
松林・全国
触れると毒

３～６月頃にマツを食い荒らす毛虫。幼虫の時代だけ毒バリを持ち、成虫になったら毒はない。刺されると痛みがしばらく続く。

マムシグサ

高さ30～60cm
野山・全国
食べたら毒

野山を歩いている時に、一瞬頭を持ち上げているマムシのように見える。果実は直立した茎にブツブツとした真っ赤なトウモロコシのような珍しい実り方をする。果実と根の毒が強く、食べると痛みが走る。

アセビ

高さ1～4m
野山や公園・本州から九州
食べたら毒

２～４月にスズランのような花を咲かせる。花、葉、樹皮に毒があり、誤って食べてしまうと腹痛、下痢、嘔吐の症状が出る。

オニダルマオコゼ

体長40cm
海・日本全国
刺す毒

背びれ、腹びれ、尾びれに毒性の強いトゲを持つ、怖い顔の魚。岩のように海底に生息し、砂の中に潜んでいることも。重症の場合は死に至るケースもある。踏む可能性が高いので足元に注意。

オウゴンニジギンポ

体長8cm
海・伊豆半島以南
噛む毒

頭は青色、尾にかけて黄色にグラデーションする体が美しい。無毒のイナセギンポとも似ているが、目の部分につり上がったような黒いラインがあるのが特徴。犬歯に毒線を持ち、噛まれると痛む。

アイゴ

体長30cm
海・下北半島以南
刺す毒

沿岸の浅い岩礁地帯で見られる。茶色から黄色など色の変化が大きい。背びれ、腹びれ、尾びれに毒トゲを持ち、刺されると激しく痛む。釣り上げ、外す時に刺されやすいので道具を使う。

キョウチクトウ

高さ3〜5m
公道や高速道路・北海道以南
燃やす、舐める、食べると毒

排ガスなど公害に強いため道路沿いに植えられる。すべての部分に青酸カリより強い毒を持ち、育った土壌そのものにも毒を出す。非常に致死量の高い植物（0.30mg/kg）。燃やしたり、舐めただけでも危ない。

ハシリドコロ

高さ50cm
山林や河原・本州〜九州
食べると毒

若芽をフキノトウ、ギボウシ、タラの芽と間違えて天ぷらなどで食べた場合に、運動障害、言語障害、幻覚、錯乱などが起こる。反面で難病のパーキンソン病の薬としても注目されている。

毒生物の相談先

危険な毒生物で緊急性のない場合の通報は、
本各市区町村の役場や保健所へ。

▪ まだ定着が見られないヒアリの場合は

管轄区域の環境省地方環境事務所まで通報を
http://www.env.go.jp/region/index.html

▪ 公益財団法人日本中毒情報センター「中毒110番」

動植物の毒、薬品、化学物質などで起こる中毒、事故などに関して、応急処置などのアドバイスが受けられる。

大阪中毒110番　072-727-2499（365日・24時間対応）
つくば中毒110番　029-852-9999（365日・9〜21時対応）

レンゲツツジ

高さ1〜2m
公園や野山・北海道から九州
蜜を吸う、食べると毒

オレンジ色や黄色。ツツジを漢字で書くと「躑躅」。別の読み方が辞書に「てきちょく」。その意味は足踏みすること。羊がその葉を食べるとその場で足踏みして死んだことから来ている。

チョウセンアサガオ

高さ1m
空き地・本州以南で野生化
食べると毒

白い大きな花を咲かせる。薬によく使われるため、栽培され、野生化した。根や葉、花に毒があり、食べることで吐き気、頭痛、言語障害、幻覚、錯乱などを起こす。食べなければ大丈夫。

スイセン

背丈30cm
公園や庭・全国
食べると毒

庭で植えているスイセンの葉を家庭菜園のネギやニラ、ニンニク、また根をタマネギなどと間違えて食べる事故がある。誤って食べると吐き気、頭痛などがある。青臭くマズいため味で気づくことも。

おわりに

毒と薬は紙一重。
毒は少量であれば薬になり、使いすぎれば毒となります。
ここで紹介した毒生物から生まれた薬もたくさんあります。

毒を持つのは、その生物が生きるための戦略の一つ。
ものによっては獲物をとるためであったり、身を守るため。
危険な毒生物はすべて駆除すべき、という人もいますが、
人間にとって悪い面だけを見て排除していけば、
やがてほとんどすべての生物を殺すことになるでしょう。

自然の中には、多かれ少なかれ、人間にとってみれば毒がありますが、
彼らからしてすれば、もっとも多くの毒をまき散らしているのは人間です。
除草剤、殺虫剤、環境汚染…
自然毒で死亡する数よりも、交通事故の方が
ずっと多くの人が死んでいますが、車を排除することはありません。

生物は多様性に満ちています。
人間には不要でも、何か生態系の中での役割があります。
私たち人間も、自然の中の一つとして、謙虚な気持ちで、
危険な彼らの特徴を覚えれば、大抵のものは避けられます。

大抵の毒植物は、食べなければ大丈夫。
大抵の刺す生き物は、体をガードした服装なら大丈夫。
もし強烈な毒生物に出会った時は、素早くサッとその場から逃げれば大丈夫。

キチンと正しい知識を持てば、猛毒生物たちと出会っても、
慌てずに対処できるようになるでしょう。
毒生物を知ることは、生きる知恵を身に付けることだと思います。

[監　修] ふじのくに地球環境史ミュージアム
岸本年郎
渋川浩一
早川宗志
髙山浩司
一般社団法人日本蛇族学術研究所　堺淳
[　絵　] 加古川利彦

[編　集] 山下有子
[デザイン] 山本弥生

参考文献

「牧草・毒草・雑草図鑑」(畜産技術協会)
「四国の樹木観察図鑑」(愛媛新聞メディアセンター)
「危険生物ファーストエイドハンドブック」(文一総合出版)
「フィールドベスト図鑑　危険・有毒生物」(学研)
「フィールドベスト図鑑　日本の有毒植物」(学研)
「Dr.夏秋の臨床図鑑　虫と皮膚炎」(学研プラス)
「身近にある毒生物たち」(SBクリエイティブ)
「猛毒生物最強50」(SBクリエイティブ)
「うまい雑草、ヤバイ野草」(SBクリエイティブ)
「毒のきほん」(誠文堂新光社)
「野外毒本」(山と渓谷社)
「自然毒のリスクプロファイル」(厚生労働省)
「ストップ・ザ・ヒアリ」(環境省自然環境局)
「日本の外来種対策」(環境省自然環境局)

子どもと一緒に覚えたい 毒生物の名前

2018年 7月21日　第1刷発行
2023年11月 2日　第2刷発行

発 行 人　山下有子

発　　行　有限会社マイルスタッフ
〒420-0865 静岡県静岡市葵区東草深町22-5 2F
TEL:054-248-4202

発　　売　株式会社インプレス
〒101-0051 東京都千代田区神田神保町一丁目105番地

印刷・製本　株式会社シナノパブリッシングプレス

乱丁本・落丁本などの問い合わせ先
インプレス　カスタマーセンター
service@impress.co.jp　FAX:03-6837-5023
※古書店で購入されたものについてはお取り替えできません。

 ISBN978-4-295-40177-3　C0045